大厨 私藏菜

主编 陈长芳

北京·旅游教育出版社

策　　划：刘建伟
责任编辑：李荣强

图书在版编目（ＣＩＰ）数据

大厨私藏菜 / 陈长芳主编. -- 北京 ：旅游教育出
版社，2020.1
　　ISBN 978-7-5637-4052-9

　　Ⅰ. ①大… Ⅱ. ①陈… Ⅲ. ①菜谱 Ⅳ.
①TS972.12

　　中国版本图书馆CIP数据核字(2019)第294370号

大厨私藏菜

陈长芳　主编

出版单位	旅游教育出版社
地　　址	北京市朝阳区定福庄南里 1 号
邮　　编	100024
发行电话	(010) 65778403　65728372　65767462 (传真)
本社网址	www.tepcb.com
E-mail	tepfx@163.com
排版单位	济南玉盏文化传播有限公司
印刷单位	北京盛通印刷股份有限公司
经销单位	新华书店
开　　本	889毫米×1194毫米　　1/16
印　　张	7
字　　数	80千字
版　　次	2020年1月第1版
印　　次	2020年1月第1次印刷
购书咨询	0531-87065151
定　　价	78.00元

（图书如有装订差错请与0531-87065151联系）

序

　　行走厨艺江湖，每位大厨手里都握着一道或多道私藏箱底的拿手菜。这些拿手菜是他们征服食客胃口的杀手锏，彰显着大厨独特的创新风格，蕴藏着大厨巧妙的心思。这些私藏菜一端上餐桌，便让顾客迷醉在诱人的美食世界里。

　　自2018年，《中国大厨》专业传媒编辑往返于各大餐饮旺城，寻访53位少壮实力派大厨，邀请他们亮出自己最得意的一两道私藏菜，分享给更多的餐饮人和美食爱好者。大厨毫无保留，纷纷出招，共分享了60款私藏菜，类型包括创意菜、融合菜、家常菜、特色菜、乡土菜等，食材则囊括鸡、鱼、牛、猪、海鲜、河鲜等。不管你是酒店大厨还是菜馆师傅，总有一款能给你带来灵感。

　　这些私藏菜里都藏着什么呢？

藏着创意

　　北京拾久餐厅创始人段誉将沙葱加橄榄油、盐打成酱，覆到羊排上烤熟，染绿了食材，染上了葱香。

　　广州山泉宾馆行政总厨祝建民将韭菜薹榨汁，添美极鲜味汁、蜂蜜、矿泉水调成味汁，烹入九节虾中翻炒，咸鲜微辣，带有韭菜的独特清香。

　　广州陶然轩大酒店出品总监肖卓恒在春卷皮上盖一片海苔，切条炸酥，竟设计成了一款酥脆的餐前小菜，桌桌必点，毛利极高。

　　西安蓝鹊3号餐厅出品总监王同在荔枝里面酿入豆沙，外层拍生粉、拖蛋液、沾面包糠，油炸后外壳酥脆、荔枝清甜、豆沙绵软。

　　芜湖墨宴·湖畔餐厅行政总厨贾红喜将山楂煮熟打成泥，抹到硅胶垫上烤成山楂片，裹入鹅肝卷成卷儿，红艳漂亮，山楂片正好解鹅肝的腻。

　　……

藏着技术

　　广州天荟融合私房菜馆主理人朱菊在制作咖啡煎牛小排时，将主料先入平底锅煎10秒，再入烤箱烤6分钟。秘诀何在？原来，"煎"可形成保护膜，锁住牛肉水分，"烤"则使其受热均匀，更易掌握成熟度。

　　济南阳光精品家常菜餐厅出品总监谭晓彦在制作酥皮肘子时，先将肘子抹匀海盐，盛入大砂锅中慢焗一晚。原因何在？原来，在热力的作用下，海盐的咸味慢慢沁入猪肘中，使其连骨头都带有盐焗的香气，成菜也就有了不同以往的独特风味。

　　上海逸道餐厅厨师长陈鑑君在制作红烧肉时，先将大块五花肉蒸制40分钟，摞起来压制定型后再改小块煨制。奥秘何在？原来，先蒸后煨不但能祛尽腥味，还使肉块不再收缩，形状更加方正，同时让瘦肉吸收肥肉的油脂，口感不会发柴。

　　……

　　本书中的每一道私藏菜里都有着令人拍案叫绝的创意和意想不到细节。假如靠你自己在实践中领悟，那么历练10年或许只能获取一二；假如靠请教师傅朋友，那么请他们喝200箱啤酒恐怕也只是一知半解。

　　然而，翻阅这本《大厨私藏菜》，你就能带走60道精品旺菜、60条精彩创意和上百个菜品制作的精妙技术点。

　　金无足赤，本书在编写过程中难免出现疏漏，还请广大读者批评指正。

主编　陈长芳

2020年1月

本书撰文：钱蕾蕾　辛　燕　李金曼　李佳佳
美术编辑：汝　静

目录

排名不分先后

目录

沙葱烤羊排

制作人

招牌亮点

◎西北地区的百姓炖羊肉时喜欢投入整棵沙葱，祛膻除异效果极佳，受此启发，段誉将鲜沙葱打成酱，抹在羊排上烤一下，为原料增添一抹碧绿和清香。

段誉
北京拾久餐厅创始人

批量预制： 选用法国带骨羊排20千克改刀成块，使每块均匀分布8根肋骨。羊排冲去血水，下入不锈钢桶，添清水30千克，加沙葱500克、拍松的姜块300克、百里香40克、香叶25克、小茴香25克、白芷20克、八角20克、甘草15克、草果10克、孜然粒10克、陈皮8克，添适量盐、鸡粉，大火烧开转小火煮1.5小时，关火再泡30分钟，捞起装入保鲜盒。

走菜流程： 1.取一块羊排，在肉上均匀拍一层淀粉，入七成热油炸至金黄、结壳，捞出沥油，从骨缝下刀，将羊排切成片，更便于客人食用。2.烤箱调至220℃，羊排表面刷一层沙葱酱烤3分钟，使葱香被激发，摆入木板，带一碟辣椒粉即可走菜。

沙葱酱的制作： 沙葱500克洗净，在表面浇入热水浸泡3~5秒去掉涩味，捞出迅速入冰水浸凉，沥干后切段，每500克加橄榄油60克、盐7克入搅拌机打成葱泥，覆膜入冰箱冷藏保存。沙葱酱一般当天即做即用，在油的阻隔下，一天之内不会变色。

辣椒粉的制作： 辣椒粉350克、盐300克、孜然粒200克、花生碎200克、白芝麻180克、孜然粉150克、白糖80克调匀。

技术关键： 羊排刷酱后入烤箱，主要目的是使葱香散发，时间无须过长，否则绿色容易变暗。（文、图/辛燕）

1.羊排提前加调料煮熟

2.煮熟的羊排拍一层粉

3.油炸至外脆里嫩

4.沿骨缝劈开

5.制好的沙葱酱

6.抹匀沙葱酱后入烤箱

7.上桌后跟一碟自制辣椒粉

8.烤好的羊排香气浓郁

沙葱烤羊排

榴梿撕饼臭鳜鱼

招牌亮点

◎这款臭鳜鱼很别致：用榴梿汁、臭豆腐、青花椒腌制鳜鱼，入味快、滋味足，还增添了一抹果香和椒麻味；臭鳜鱼煎好后泡进红汤存放，充分吸入滋味；走菜时置于煲仔炉，用小锅加热，由一名小工即可负责，不必耗费多余人工；搭配一张烤饼上桌，菜点合一，既增添酥脆口感，又能缓解辣味。

制作人

王卫

师从中国烹饪大师孙立新，北京太初湘苑餐厅创始人

批量预制： 1.选用每条重约200克的鳜鱼25条宰杀治净，在鱼身打一字刀，放在大盆中加榴梿汁（鲜榴梿肉500克加清水750克打碎，连汁带渣一起使用）以及王致和臭豆腐400克（打碎成泥），再加黄酒200克、葱段150克、姜片100克、盐50克、青花椒50克、味精15克、八角4个，抓拌均匀腌制8小时。由于腌料不足以没过鳜鱼，待3~4小时后，需要再翻拌一遍，确保其入味均匀。腌好的鳜鱼装保鲜盒入冰箱保存。2.取鳜鱼冲净表面腌料，吸干水分。平底锅放底油烧至五成热，下臭鳜鱼煎至两面微黄，取出盛入不锈钢盆。3.锅下色拉油、猪油各250克烧至五成热，下鲜红小米椒段200克、葱段60克、姜片60克、蒜瓣60克炸香；放泡椒碎500克、郫县豆瓣酱400克炒出红油和香气，倒入高汤7千克，调入红枣酱油50克、白糖30克、味精25克、鸡粉25克搅匀，烧开后趁热浇在鳜鱼上，浸泡1小时使其充分入味。

走菜流程： 1.取一口小锅置于煲仔炉上，放入臭鳜鱼两条，舀入浸泡所用的红汤800克，加青红椒圈30克、油渣25克、红枣酱油6克大火加热5分钟，无须将汤汁收浓，关火连汤带料一同装入砂锅中。2.托盘底部刷层黄油，摆入成品手抓饼坯，送入烤箱，调至上火220℃、底火200℃烤5分钟，待饼面鼓起、金黄、成熟，取出改刀成块，装盘后与臭鳜鱼一同上桌。

红枣酱油的制作： 1.葱段100克、姜片100克、八角30克、小茴香25克、草果20克、桂皮20克、白蔻15克装入纱布袋制成香料包。2.生抽5千克、厨邦酱油2.5千克、东古一品鲜酱油1.5千克、美极鲜味汁1千克、德阳红酱油1千克、蚝油750克、红糖750克一同放入不锈钢桶内，放红枣200克、香料包1个，开中火加热至冒鱼眼泡时关火，加盖焖24小时即可使用。（文、图/辛燕）

1.鳜鱼加榴梿汁、臭豆腐腌制

2.拍粉后炸至金黄

3.倒入熬好的红汤浸泡

榴梿撕饼臭鳜鱼

4.客人点菜后取两条鳜鱼，加入油渣烧透

5.手抓饼烤熟，跟鱼一起上桌

养生番茄焗鲜鲍鱼 （位上）

制作人

招牌亮点

◎为鲍鱼搭配玉米、野米、燕麦、丝瓜等杂粮蔬菜增加可食性，并在调味时加入糖醋汁、番茄酱，滋味酸甜、解腻开胃。鲜红的番茄盅内除了放鲍鱼外，还可以替换为澳带、海参，鲜艳明亮的色彩映衬高档海鲜，更加吸睛。

张德帆
广州市天鲜阁饮食集团管理有限公司行政总厨

制作流程：1.番茄1个（重约150克）烫去外皮，切掉上部果肉，掏出果瓤，制成壁厚约7毫米的番茄盅；将切下的上部番茄果肉改成8毫米的丁；西蓝花1朵入油盐水汆熟。2.锅入宽水，撒少许盐，下入番茄盅汆30秒，捞出沥干后放进位盅待用。3.丝瓜丁25克、新鲜玉米粒20克、胡萝卜丁5克入清水汆30秒，再放杂粮40克（野米、小麦、燕麦分别蒸熟，按照1：1：1的比例混匀）、罐头红腰豆15克汆烫10秒，捞出沥干。4.大连鲍鱼（规格为8头/500克）去壳洗净，一面打上十字花刀，入味汁（猪骨高汤150克、生抽25克、香油5克、

盐2克、白胡椒粉1克、白糖1克调匀）中浸泡5分钟，将其连汤带料倒入锅中加热1分钟至鲍鱼断生，捞出沥干。5.锅入底油烧热，下姜末20克煸香，倒入番茄丁40克翻炒均匀，加糖醋味汁100克、番茄酱40克，勾芡后淋少许花生油，倒入汆好的鲍鱼、杂粮和蔬菜翻匀，小火加热至收浓汤汁，起锅盛入位盅，点缀汆好的西蓝花即成。

糖醋味汁的制作：锅入清水1千克，加白醋700克、冰片糖300克、白糖250克、山楂片250克小火煮10分钟，关火后打去料渣，加生抽180克、味精30克调匀即成糖醋汁。（文、图/李金曼）

1.制作此菜所需原材料

2.锅内放入糖醋汁，下杂粮、鲍鱼等烧制入味

养生番茄焗鲜鲍鱼

韭菜花炒山坑鱼

招牌亮点

◎山坑鱼，指高山溪流中长大的小鱼，每条长7~8厘米、如小拇指一般粗细，广州溪畔人家张德帆大厨将其用盐腌制后晒干或焙干，虽然口感变得略硬韧，但细细咀嚼仍能尝到鲜甜味，这种小咸鱼做法多样，除了菜中搭配韭菜、芹菜制成小炒，还常与拍蒜、豆豉、紫苏等一同蒸制，或加入避风塘料炒香。这种原料也被川湘等地的大厨广泛运用，在川称为"小鱼干""小鱼仔"，在湘叫作"火焙鱼""风吹鱼"，以剁椒酱、豆瓣酱、豆豉、青红椒等辅料炒制，做出一道道热卖的下饭菜。

韭菜花炒山坑鱼   制作/张德帆

制作流程： 1.山坑鱼干180克入宽水汆40秒去掉部分咸味，捞出沥干；芹菜段200克、韭菜薹150克飞水备用；云吞皮35克切成小块，入油炸至色泽浅黄、质地酥脆，捞出沥油，盛入盘中垫底。2.在汆好的山坑鱼上淋生抽20克翻匀，入三成热油中炸十几秒，捞出沥油。3.锅留底油，倒入炸好的山坑鱼，煸炒至香气四溢后盛出，锅内再加芹菜段，翻炒数下后加韭菜薹炒干水汽，调入蚝油8克、盐3克、味精2克，加少许花生油翻匀后盛出备用。4.锅入底油烧热，下洋葱丝20克、红椒段15克、蒜片8克、香葱段8克、姜片5克煸香，倒入炒好的芹菜段、韭菜薹，翻炒均匀后离火，放入山坑鱼，勾薄芡后淋少许花生油，大火翻炒5秒，起锅盛入盘中，将红椒段拣出放在最上面，撒炸花生米30克即成。

技术关键： 1.山坑鱼汆水时，水温不能过高，以免鱼肉碎烂。2.山坑鱼过油前需淋适量生抽，既能为其增加豉香味，又可以使小鱼过油后呈现金黄的色泽。3.山坑鱼在晒干后水分较少、口感较硬，所以过油时温度不能太高，以免其色泽发黑、口感更硬。4.制作粤菜小炒时要"因材施法"——将每种原料根据其质地、状态的不同分别煸炒、入味，使口感、色泽、味道达到最佳状态，再将所有食材入锅大火翻炒3~5秒，令香气互相融合，才能制出一盘美味的小炒。5.此菜中垫底的炸云吞皮有两个作用：第一，小炒菜肴上桌后放置时间久了，汤汁便会流泻到盘底，而炸好的云吞皮便能吸油吸汁，使盘子始终保持干净清爽。第二，炸云吞皮垫底可使此菜的卖相更饱满，起到降低成本、提升毛利的作用。（文、图/李金曼）

技术探讨

Q：此菜并无太多出水的原料，为何也要勾芡？

A：粤式小炒在制作过程中通常都会勾入少许芡汁，作用有二：一是可包裹原料，使其久置不易出水；二是让卖相更加有光泽。

制作流程

1.山坑鱼干汆水

5.芹菜、韭菜薹入锅炒掉水汽

2.淋少许酱油上色

6.芹菜、韭菜薹二次入锅煸炒

3.过油炸至金黄

7.下入小鱼干翻炒均匀

4.小鱼干入锅炒香后盛出

8.油炸馄饨皮入盘垫底，盛入炒好的山坑鱼

火山岩海参捞饭

招牌亮点

◎这道海参饭是济南同生里餐厅的招牌菜，它在葱烧海参的基础上优化而来，是一道成功的新派鲁菜。同生里餐厅研发总监田金仓介绍："传承的根基有两点，一是炒糖色，二是熬葱油，这是葱烧海参的两个关键元素，无论如何创新也不能丢掉。优化之处则有四点，一是上菜形式——大盘中间用'蜂窝煤工具'扣出一个'煤球米饭'，卖相很新颖，菜量显得很多，上桌抓眼球；海参改成竖条，烧好后围在米饭旁边，既方便顾客食用，又便于后厨量化搭配。二是葱的改刀，传统做法，大葱要改成5厘米的长段，但这个长度不适宜拌饭食用，因此我们将其改成葱圈，搭配海参烧制后香气浓郁，直接拌饭更香更开胃。三是不勾芡，最后自然收浓。这样能收出理想的效果吗？关键是糖色的用量以及高汤的浓度，前者能确保汤汁红亮黏稠、回口微甜，而添加猪皮、鸡脚等熬好的高汤则能保证自然芡的效果。四是熬制葱油方法独特。如今大葱的香气远没有以往那么浓郁，因此熬葱油时需添加多种提香的蔬菜，此外，还要'以葱油炼葱油'，反复三次，浓缩香气。"

制作人

田金仓

山东曲阜人，从厨19年，现任济南同生里餐厅研发总监

反复三次熬葱油： 1.锅入花生油2千克、猪油500克、鸡油500克，下姜片1千克、胡萝卜片500克、蒜片500克、香菜梗250克小火炸香，放入章丘大葱段1.5千克、八角10粒大火炸掉水汽，转小火熬至蔬菜变干，打出料渣得第一遍葱油。2.待葱油凉透之后，再次放入葱段1千克小火炸至干香，打出料渣得第二遍葱油。3.待其凉透后第三次放入葱段1千克小火熬至干香，打出葱段弃之，即得葱油。需要注意的是，蒜片用量无须太多，而且需提前用清水冲掉黏液，否则会散发苦味。

制作流程： 1.锅滑透，留少许底油，下入白糖小火不停翻炒至溶化，待糖液变成鸡血红状态时冲入适量开水煮沸即成糖色，倒出备用。2.发好的长岛刺参竖切成条，快速焯透，捞出沥干。3.章丘大葱切成长1厘米的葱圈。4.五常大米蒸成米饭，取200克放入碗中，撒上蒸熟的野米50克、煮熟的红腰豆30克。将蜂窝煤工具摁入碗内米饭中

压实，提起后放在大盘中心，制出一块高5厘米的蜂窝煤状米饭。5.锅入少许色拉油烧热，下大葱圈100克小火煎炸至金黄，倒入笊篱沥干油分。6.锅下提前炼好的葱油80克烧热，烹香酱油10克、蚝油15克，添高汤300克大火熬开，淋糖色200克，倒入海参条350克，调鸡粉4克、白糖4克、八角粉1克、白胡椒粉1克，点少许老抽调色，大火收浓，淋葱油20克，放入炸好的葱圈翻匀，继续收至红亮黏稠，起锅围在蜂窝煤状米饭旁边即可。

特点： 米饭拌入葱圈海参，咸香回甜，葱香浓郁，海参筋道入味。

技术关键： 1.此菜所需的高汤浓度很高，熬制时所用主料除了常见的老鸡、棒子骨，还需放入适量制净的猪皮、鸡爪，熬好的高汤鲜美浓稠，既能更好地为海参增香，还有助于收出自来芡。2.野米筋道爽滑，撒在大米饭上可以丰富口感。3.最后收汁至红亮黏稠即可，汁量要适宜，不要太干，否则就没法捞米了。（文、图/陈长芳）

火山岩海参捞饭

1.米饭上面放熟野米以及红豆

2.以蜂窝煤工具压出一块米饭，放入盘子中央

3.发好的海参切条

4.大葱切成圈，煎炸至金黄后备用

5.海参条葱烧入味后，盛在米饭周围

技术探讨

李建辉（河北李记餐饮管理公司**董事长**）：这道招牌菜沿用葱烧海参的传统技法，在出品形式上进行了创新，做得很用心，口味也一定错不了。但针对制作流程，我有一点不同的见解。葱烧海参口味好不好，关键在于底味入得足不足。田师傅三炼葱油、增加汤的浓稠度，都是为了在烧制时让海参快速充分地入味。然而如此操作却增加了大葱以及猪皮、鸡脚等原材料的成本。我的做法是，将熬葱油打出的料渣放入锅中，添高汤、蚝油、酱油、盐、鸡粉等调料蒸热，做成一款海参汁。然后将发好的海参放入海参汁中浸泡入味。走菜时，取海参入锅葱烧，如此一来便能迅速出菜，而且海参滋味浓郁。

在卖相方面，我的建议有两点：一，将野米拌入米饭中，直接扣成蜂窝煤形状，这样米饭的卖相会更加清爽。二，将炸好的葱圈也放到海参汁中蒸热入味，捞出后垫入盘底，然后盖上烧好的海参条，如此调整后此菜卖相更加整洁。

特色红玉鸡

招牌亮点

◎炒鸡是一道常见的菜品，要想在同质化的出品中胜出，关键看两个指标，一是口味，二是颜色。史大厨选用健硕的红玉公鸡，炖制时加入2个黄栀子，再淋少许老抽，调出红中透黄的色泽，更加诱人食欲。

史增珠
现任济南老城老味餐厅厨师长

制作人

制作流程： 1.红玉公鸡一只约1.5千克宰杀洗净，剁成小块，冲净血水。2.锅入色拉油80克烧热，下葱段10克、姜片8克、干辣椒5克、八角1个、白芷1片炸香，下入鸡块煸至表皮微黄；加入甜面酱15克、冰糖老抽10克、黄豆酱油5克炒至上色，放入2个黄栀子，添高汤2千克，调入盐8克、白糖5克、红玉鸡香料面5克，大火烧开后转小火炖30分钟至熟透并保持微微筋道的口感。3.锅入少许底油烧热，放入薄皮辣椒块100克、拍蒜50克煸香，倒入炖好的鸡肉以及原汤，大火收浓，起锅入盛器即可。

技术关键： 1.鸡块不可提前焯水，否则表面收缩，炒、炖时很难吸入滋味，导致成菜底口不足。2.老抽的分量不可太大，否则菜品颜色容易发黑。

红玉鸡香料面的制作： 八角、花椒、桂皮、香叶各100克，草果、荜拨各50克，洗净后入烘干机烤干，取出打碎成粉。（文、图/陈长芳）

1.制作此菜所需原调料

3.加黄栀子

2.鸡肉入锅生炒，无须提前焯水，否则表面收缩，不容易入味

特色红玉鸡

天府糟香麻鸭

招牌亮点

◎此菜在制作过程中不加一滴水，而是以大量姜块和醪糟给鸭子入味，成菜有浓郁的姜香、糟香，非常好吃。

制作人

肖毅
现任成都世茂茂御酒店厨师长

批量预制： 麻鸭5只（约1.5千克）宰杀洗净，斩成大块，冲去血水，放入垫有竹箅子的高压锅中，加姜块2.5千克、醪糟8瓶（360克/瓶）、色拉油300克、蚝油250克、酱油200克、辣鲜露100克、盐40克、十三香20克、老抽10克、味精10克、鸡精10克、白糖7克、白胡椒粉4克拌匀，加盖小火压30分钟，开盖继续浸泡至少1小时入味。

走菜流程： 1.鸡腿菇切成长条，拉油备用。2.锅入鸭子700克，放鸡腿菇100克，添少许原汁翻匀回热，起锅装盘，表面点缀少量葱白条、青椒条、黄椒条、红椒条、苦菊即可走菜。

技术关键： 此菜吃的是酒香，鸭子在压制过程中无须添水或高汤，避免稀释酒香或掺入杂味。（文、图/辛燕）

1.鸭块放入锅中，加姜块、醪糟

2.调入蚝油、酱油等拌匀后放进高压锅内

3.压好的鸭块

天府糟香麻鸭

馋嘴美蛙腿

制作人

招牌亮点

◎这是成都瓦晒餐厅的招牌菜，以手臂长的定制铜船盛装，卖相十分震撼；以牛蛙、火腿搭配，穿入竹签，既方便食用，又显得菜品量大、实惠；以自制糖蒜、豆瓣、野山椒熬成红汤，用来烹制牛蛙，麻辣微酸带蒜香，十分适口，最后浇入煳辣油增香，吃起来非常过瘾。

谢志勇
现任成都老房子集团菜品研发总监

制作流程：1.净牛蛙400克改刀成块，加入适量盐、蛋清糊（红薯淀粉与蛋清按照1：1的比例兑成）抓匀，分别穿入20根竹签；方形火腿肠120克切成长条，分别串入6根竹签。2.南豆腐250克切成长条，下入盐水汆透，捞出沥干，垫入铜船盛器底部；取牛蛙串下入五成热油轻炸至表面变色，捞出沥油备用。3.锅入河鲜汁1千克烧沸，调入适量鸡粉、盐补充底味，放牛蛙串、火腿肠串煮30秒，起锅装"船"。4.锅入色拉油100克烧至五成热，投入干辣椒段30克、干青花椒10克、干红花椒7克炸香，淋入"船"内激香；在"船"的一头隔板处放少许干冰，浇入热水，待烟气缭绕时即可走菜。

河鲜汁的制作：锅入色拉油300克、黄油200克、泡椒油200克烧热，加入葱末200克、蒜末100克、姜末50克、花椒25克炸香，下糖蒜碎300克、泡红椒碎200克、泡野山椒圈150克、泡姜片150克翻炒出香；下河鲜豆瓣酱400克小火翻炒8分钟，炒至香味逸出且水分收干时，添入高汤8千克、醪糟汁500克，大火烧开后转小火熬20分钟，调入适量盐、鸡粉，打掉渣子即成。此汤口味酸辣，汁水油亮，香气十足，特别适合烹制河鲜类菜肴。（文、图/辛燕）

馋嘴美蛙腿

1.牛蛙串入油炸至变色

2.炸好的牛蛙以及火腿肠串一起入河鲜汁煮
至入味

　　将食材穿入竹签制作的菜品，还有一道"香辣一口牛"，颇具烧烤风情，而且还便于客人食用。

香辣一口牛

招牌脆皮荔枝

招牌亮点

◎ "一骑红尘妃子笑，无人知是荔枝来。"在曾见证过大唐盛世的西安，荔枝成了大厨们的创意源泉之一，荔枝鱼、荔枝虾、荔枝沙拉等菜品层出不穷。

西安大厨王同选用荔枝，去核后填入豆沙，再裹上面包糠炸酥，外皮金黄酥脆，荔枝清爽Q弹，豆沙绵软细腻，三重口感层次分明；另外，此菜对于面包糠的处理也独具新意：将市场上买回的面包糠放入烤箱中烤制，这样既可以使其由原本的浅黄色变为金黄色，也能进一步去除面包糠中的水分，使口感更加酥脆蓬松。

自推出以来，这道脆皮荔枝便凭借其精致的卖相、丰富的口感成为了西安蓝鹊3号餐厅的镇店之宝，每天至少能卖出50份。

制作人

王同
现任西安蓝鹊3号餐厅出品总监

批量预制：1.面包糠铺入托盘，放进上、下火均为140℃的烤箱中烤30分钟，取出待用。2.岭南荔枝去核（或用罐头荔枝代替），用镊子填入做好的豆沙馅3克，表面拍上生粉，沾一层全蛋液，再裹上烤好的面包糠，置于托盘中待用。

走菜流程：取做好的豆沙荔枝8个，入烧至130℃的热油中炸90秒至表面金黄，装盘点缀，再撒适量烤好的面包糠即可上桌。

豆沙馅的制作：1.红豆洗净后入锅，添足量清水，大火煮开后倒入高压锅压30分钟至软烂。2.将煮好的红豆270克放入料理机中，添煮红豆的汤100克，打成细腻的泥状，滤渣待用。3.平底不粘锅内倒入红豆泥，加细砂糖250克中火翻炒至糖粒溶化，再下黄油50克小火继续翻炒，待红豆沙的质地较为稠厚时，加入熟面粉20克（面粉入无油无水的锅中炒至浅黄色），继续翻炒至混合均匀即成。

技术关键：制作豆沙馅时放入适量黄油，可使其味道更加香浓；如果没有黄油，也可用味道较淡的色拉油代替，但需分次加入，每次都要炒至油完全被豆沙吸收之后再添加。

（文、图/李金曼）

1.荔枝去核，用镊子填入做好的豆沙馅

3.再裹上烤好的面包糠，置于托盘中待用

2.表面拍上生粉，沾一层全蛋液

4.做好的豆沙荔枝入热油中炸至表面金黄

招牌脆皮荔枝

椒麻培根红腰豆

招牌亮点

◎此菜是西式原料与中式味道的一次完美结合——二荆条辣椒、藤椒油是川菜中极为常见的配料和调料，而培根则是西餐中的常见原料，王同把二者搭配在一起，先将质地绵软的红腰豆裹粉油炸，赋予其酥脆的外壳，再将柔软的培根煎去水分，二者一同入锅炒制，成菜口感干香酥脆，味道椒麻微辣，香气十分迷人。

制作流程： 1.罐头红腰豆250克入清水中氽去多余的糖分，捞出沥干后拍一层干淀粉，入八成热油中炸约1分钟至表皮酥脆。2.培根切成1.5厘米见方的片。锅入底油烧热，下培根片150克中火煎炒约90秒，盛出待用。3.锅入底油烧至五成热，加入香葱段15克、姜片10克、蒜片10克煸香，下青、红二荆条辣椒圈各25克大火爆香，倒入煎好的培根、炸好的红腰豆，调入盐3克、鸡粉1克，淋藤椒油5克翻匀，起锅前加蒜苗末20克大火炒香，装盘后即可上桌。

技术关键： 1.为防止红腰豆回软，制作过程中应注意两点：一是不能批量炸制，以免吸水回软，一定要现点现做；二是炒制过程中要猛火快炒，减少红腰豆在锅中的加热时间。2.煎培根时需保持中火，以免火候过大，导致原料变煳发黑。（文、图/李金曼）

制作/王同

椒麻培根红腰豆

陈皮新西兰小牛肉

制作人

孙文强
现任上海古井假日酒店行政总厨

招牌亮点

◎这种新西兰牛小排的特点是肥瘦相间、纹理清晰，焖制后油分析出，渗入瘦肉中，既不会太腻，又不会发柴，口感刚刚好。此菜在制作时，搭配五年陈皮以及蜂蜜、冰糖等，味道清香馥郁，极富创意。

批量预制： 1.选用新西兰牛小排1千克解冻后切成7厘米见方的大块，平底锅上火淋入少许橄榄油，放入牛排煎至表面起焦。2.选择五年以上的老陈皮80克飞水后冲净，置于大砂煲内，加西芹叶50克、胡萝卜块80克，调入麦芽糖50克、蜂蜜50克、老冰糖100克、李锦记红烧汁150克、清水800克，下入煎好的牛肉块，扣盖大火烧沸，改小火焖2小时即成。

走菜流程： 1.芦笋去掉茎部较老的部分，入油盐水汆透后摆在位上盛器内。2.将牛肉块挑出摆放在芦笋上，将已收至浓稠的汤汁过滤掉渣子后分别淋在肉块上即可。（文、图/钱蓓蓓）

新西兰牛小排加陈皮小火焖2小时

陈皮新西兰小牛肉

葱香野米海参

招牌亮点

◎石锅内先垫野米，再盛入烧至入味的海参，配一碗面条上座，葱香、鲜香四溢，用鲍汁捞拌面条的吃法让人感觉非常实惠。

李桂忠

广东韶关人，擅长粤菜、新派江浙菜，现任孔乙己尚宴上海店行政总厨

制作人

制作流程： 1.净锅上火，添高汤100克烧沸，下入甜蜜豆5克、蒸熟的野米80克煮透，分装入两个位上版热石锅内。另起锅放宽油烧至六成热，先下入杏鲍菇丁100克，再放香葱段20克一起拉油后倒出控净。将高汤与成品鲍汁按照5：1的比例兑匀备用。2.锅内放入兑好的鲍汁高汤200克烧开，下入拉过油的杏鲍菇丁、香葱段，再放炸葱白段10克再次烧沸，下涨发好的关东参2条，收至汤汁稍浓后分别盛入垫野米的石锅内。3.将热石锅放在定制的条状木托盘上，另一端放一个袖珍小碗，盛入煮熟的面条，客人可以根据需求，吃完海参后将面条倒入石锅内，裹匀海参汁的面条异常鲜美。（文、图/钱蕾蕾）

1.制作此菜所需的原料

3.锅入兑好的鲍汁高汤

4.放入海参煨至入味

2.野米、豌豆入高汤煮透，盛入石锅垫底

5.盛入热石锅，带一碗面条上桌

葱香野米海参

秘制回味鸭

招牌亮点

◎这道菜以怀化名肴芷江鸭为原型,进行了三点改良,一是用湘宝辣酱和甜面酱兑匀成回味酱,以此煸炒鸭块,香辣十足、酱香浓郁;二是煸炒时用重庆石柱红干椒代替鲜红椒,改鲜辣为干香;三是传统芷江鸭多装入不锈钢盆,带火上桌,这里却将其收浓汤汁,装入哑光深口白盘中,更上档次。

黄勇
现任长沙辣椒树九龙仓店行政总厨

制作人

批量预制: 1.湘宝辣酱、甜面酱按照2:1的比例混匀成回味酱。2.益阳桃江老水鸭10只,总净重约7.5千克,燎掉表面残余的毛茬,清洗干净,砍下鸭头、鸭翅、鸭腿,鸭身剁成3厘米见方的块,一同下入宽水中焯透,撇去血沫,捞出沥水备用。3.锅入菜籽油750克烧至五成热,下姜片100克、重庆石柱红干辣椒75克、八角15克、桂皮15克煸香,倒入鸭块煸干水汽;至油分析出时烹入二锅头50克,调入酱油150克、生抽300克、自制回味酱300克翻匀至鸭块上色入味,冲入开水至没过鸭子5厘米,烧开后倒入高压锅中,先大火压5分钟再转小火压15分钟至熟,捞出按照一只整鸭(包括鸭头1个、鸭翅2个、鸭腿2只、鸭肉300克)的分量装入保鲜袋中,密封冷藏保存,原汤滤渣备用。

走菜流程: 取一份提前预制好的鸭子倒入锅中,加原汤200克大火收浓,放红椒片10克、酱油少许翻匀即可出锅。

技术关键: 1.批量预制鸭子时酱油不能放太多,以免搁置时间长了颜色发黑。2.一定要把鸭块中的水分煸干,至油分析出时再烹入白酒,祛腥除异,效果更佳。(文、图/陈长芳)

1.提前压好的鸭块放凉后分装保存

2.原汤滤掉渣子待用

3.走菜时倒入一份鸭块,舀入适量原汤收浓

秘制回味鸭

鱼鲞豚肉蒸膏蟹

招牌亮点

◎鱼鲞+咸肉片+膏蟹块三层叠放后一同蒸制，三者香气充分融汇于一个大盘内，吃起来非常过瘾。此外，用鲥鱼汁蒸蟹，酒香鲜甜，口味浓郁。

丁忠华

上海资深餐饮人，创立了妈妈家餐厅、老灶味道餐厅、海隆餐厅三个品牌

制作人

制作流程： 1.熬制蒸蟹汁：古越龙山花雕酒1千克、黄糖100克、冰糖50克、生抽100克、鱼露50克、蚝油50克、八角2个熬开后继续小火加热10分钟，关火后淋入10克美极鲜味汁即成。2.取鲜活三门青蟹1只（产自浙江省三门县，每只重约500克至600克），用刷子刷净蟹壳和蟹腿上的脏物，冲净后揭下盖子，劈为六块。黄鱼鲞一条（重约400克）横向切成宽约1厘米的条。3.三线猪五花肉、马蹄切成黄豆粒大小的丁，取肉丁300克加入马蹄丁50克、蚝油5克、生抽5克、味粉5克顺同一方向拌匀，放蛋清1个、清水少许搅打上劲，在盘底铺成厚约1厘米的饼状。4.在肉饼上将蟹肉块和黄鱼鲞条间隔摆放一圈，扣上蟹盖，淋入蒸蟹汁50克、鸡油45克，撒上葱段、姜片各适量，上笼旺汽蒸6~8分钟，取出拣去葱、姜，撒三丝，淋热橄榄油15克即可走菜。（文、图/钱蕾蕾）

马蹄肉饼垫底，摆放黄鱼鲞和蟹块，淋汁后即可蒸制

鱼鲞豚肉蒸膏蟹

花椒豌豆烧大鱼头

招牌亮点

◎此菜选用千岛湖花鲢鱼头来制作，提前将鱼头放入调好的味水中腌入底味，然后淋特制的鱼头酱蒸熟，使鱼肉在蒸制过程中渗入酱香，再盖两层料头，口味鲜辣丰富，卖相诱人食欲。

制作流程： 1.选用重约1.25千克的千岛湖花鲢鱼头，将背部肉厚处纵向改刀成条状，鱼鳃两侧软肉打一字刀，鱼脑壳上打十字花刀，然后放入味水腌制1.5小时。2.选用直径约为2~3厘米的芋艿洗净去皮，蒸熟备用。

调制味水： 盆内加洋葱碎100克、葱段100克、姜片100克、八角50克、香叶50克、白酒50克、黄酒50克、盐50克、味精10克，倒入纯净水5千克搅匀即成味水。

自制鱼头酱： 1.泡仔姜500克、野山椒500克、泡辣椒500克倒入料理机打碎，纳盆备用。2.锅入色拉油1.5千克烧至五成热，倒入葱段250克、姜片250克、洋葱250克小火炒干，待香味逸出时打出料渣；倒入桥头牌香辣酱5千克、海南黄灯笼辣椒酱700克、郫县豆瓣酱300克、步骤1打好的泡仔姜、野山椒和泡辣椒碎，边加热边搅拌，小火熬20分钟即成。

走菜流程： 1.盘内垫去皮芋艿200克，将鱼头以鱼嘴朝上、鱼颈肉散开的形态摆在芋艿上，表面浇鱼头酱150克，入蒸箱蒸15分钟。2.炒锅上火入底油烧热，下鱼头酱50克、豉油皇30克烧热，浇在蒸好的鱼头上。3.另起锅下入少许蒜末煸香，放青二荆条辣椒段150克、白糖5克、味精5克煸炒至青椒刚刚断生后撒在鱼上，盖第二层"被子"。4.净锅内放入红油100克、花椒油30克、葱油30克烧至七成热，投入青花椒20克、干辣椒30克炸香，再下入黄金豆（炸至金黄酥脆的豌豆）150克翻匀，起锅淋在鱼头上，撒熟芝麻、香菜各少许即可上桌。（文、图/钱蕾蕾）

1.腌制好的花鲢鱼头

2.蒸鱼时淋自制鱼头酱

3.在蒸好的鱼头上浇香辣酱

4.将炒至断生的青二荆条辣椒段铺在鱼头上，盖第二层"被子"

5.将干辣椒、青花椒炸香，倒入黄金豆翻匀

6.炸香的干辣椒、青花椒倒入豌豆翻匀，盖在鱼头上

花椒豌豆烧大鱼头

制作/丁忠华

糟香田螺鸡

招牌亮点

◎老上海风味与夏季时令原料相结合，浓油赤酱，颜色红亮，起锅前加入糟卤，使成菜糟香浓郁不腻口。

批量预制： 1.田螺5千克刷净外壳，剪去尾部，纳盆添清水浸没，倒入盐400克搅匀，静置一旁待田螺吐尽泥沙，捞出洗净，入沸水氽透后沥干水分备用。2.锅入色拉油80克、猪油20克烧热，下香叶5克、桂皮5克、八角5克、葱段50克、姜片50克煸香，倒入田螺大火翻炒2分钟，添适量开水，调入生抽50克、白糖40克、花雕酒30克、老抽20克、盐25克、味精25克，大火烧沸转微火再烧半小时，使其充分吸入汤汁滋味后关火，盛入盆中备用。3.三黄鸡5只宰杀洗净，去掉头、爪，斩成小块。

走菜流程： 1.锅入宽水烧开，添少许料酒，下鸡块300克氽至断生变色，捞出沥干水分，放入五成热宽油中炸至淡黄色，捞出沥油备用；干净砂锅置于煲仔炉上烧热。2.锅入底油烧热，下葱段、姜片、蒜片各5克煸出香味，放鸡块翻炒至变色，添生抽5克、老抽5克、海鲜酱5克、啤酒20克、高汤300克，调入盐、白糖、味精各少许；待汤汁烧至微沸，将田螺8只逐个放入锅中，再次烧沸后改中火烧7~8分钟，此时汤汁收浓，淋入成品糟卤汁15克翻匀，待汤汁收至将尽，淋少许明油，关火倒入滚烫的砂锅中，点缀葱花，带底座和固体酒精上桌。

技术关键： 田螺在预制时一定要烧至入味。（文、图/钱蕾蕾）

糟卤汁

制作/丁忠华

糟香田螺鸡

发酵香草赤酱烤比目鱼

招牌亮点

◎以黄豆制成的味噌有股浓郁的发酵香气，添加香草二次加工，用于腌制比目鱼，烤熟后蘸食酸奶，这道高颜值、低脂肪的菜品一推出就捕获了众多女性食客的芳心。

制作人

李季
现任陶苏融合餐厅成都银泰店厨师长

1.比目鱼化冻

2.入万能蒸烤箱烤制

批量预制： 选用冷冻的切片比目鱼入菜，冲水去掉其表面那层薄冰，沥干后放入盆中，放味噌酱抹匀，入冰箱冷藏腌制一晚，第二天取出冲去表面多余腌料，用纸巾吸干水分。

走菜流程： 取一片比目鱼放入托盘，送进万能蒸烤箱，调至240℃烤4分钟；摆在盘内，点缀柠檬泡沫10克、豆苗3克、山楂条3克、蓝蝴蝶萝卜片3克，旁边放青柠檬1个，舀入酸奶酱20克，上面撒红菜头粉少许即可走菜。

香草味噌酱的制作： 1.保鲜香椿芽200克入热水快速烫一下，捞出过凉，挤干水分，与薄荷叶100克、九层塔100克、橄榄油200克一起入料理机调中速打碎成蓉，倒出后加入盐4克、芝士粉5克调味即成香草酱。2.一休味增酱3包（1千克/包）、信京味噌酱3包（500克/包）、白糖1600克、味淋1.8千克、清酒800克、香草酱300克、鸡粉25克、味精25克混匀即成。

酸奶酱的制作： 老酸奶500克、柠檬汁50克混匀即成。（文、图/辛燕）

酸汤韭香鲈鱼

招牌亮点

◎以泡椒、泡姜等熬制底汤，煮熟鲈鱼片，再撒上韭菜末，激上热油，多重香气融入鱼片，酸鲜开胃。

制作人

朱立冬

黑龙江人，从业10年，曾先后在红炉北京菜餐厅、中8楼餐厅事厨，现任北京太初·湘苑餐厅、太初·蜀碟餐厅行政总厨

批量预制： 1.鲈鱼（每条重约1千克）5条宰杀洗净，斩去头尾，剔下两扇鱼肉斜刀改成薄片，放入码斗中，加生粉200克、盐65克、胡椒粉30克、蛋清12个、味精12克抓匀上浆。鱼骨斩段备用。2.泡酸菜、泡仔姜、泡萝卜分别切成细丝备用。

走菜流程： 1.锅入猪油60克烧至六成热，下泡酸菜丝30克、泡野山椒10克、广西泡小圆椒10克、黄灯笼泡椒10克、泡仔姜丝5克、泡萝卜丝5克、蒜子3克翻炒1分钟，倒入鱼骨煸香，冲入鲜汤750克保持中火烧2分钟；调入味精5克、盐5克、鸡精5克、白胡椒3克搅匀，淋料酒5克，倒入面泥鳅50克、白萝卜丝30克烧沸后和鱼骨一同捞出放入盆中垫底；再取鱼片800克下入锅中，转小火煮熟后捞出盛入盆中，在表面撒韭菜末50克，接着冲入原汤。2.净锅入大豆油20克烧至六成热，下鲜花椒5克、美人椒圈2克、线椒圈2克、泡萝卜2克煸出香气，淋在鱼片上激香。

面泥鳅的制作： 1.将生粉200克、淀粉200克、全蛋液40克倒入盆中混合均匀，加适量清水揉成表面光滑的面团。2.用调羹刮下一块如银鱼大小的面，用手心搓成橄榄形，下入宽水中小火慢煮，直至下入所有面泥鳅，开大火煮至无白芯，捞出放入冰水中过凉，沥干后拌色拉油入保鲜盒存放。

鲜汤的制作： 鸡架子20千克放入锅中，倒入清水50千克，大火烧开后转小火煮6小时至汤色浓白。 （文、图/辛燕）

酸汤韭香鲈鱼

1.制作此菜所需辅料

2.鱼片上浆

3.面泥鳅与鱼骨入锅煮沸，盛入盆中垫底

4.下入鱼片浸熟

5.捞出鱼片盛入盆中，撒韭菜后冲入原汤

6.用豆油炒香花椒、美人椒圈，淋在鱼片上

蹄筋烧海参

招牌亮点

◎此菜的特别之处在于一碗现炸的煳葱油，使菜品的香气浓郁又独特；此外还加入五香油、蚝油、红曲米粉等熬成的海参汁，很好地为原料上色、补味。

制作人

魏刚强
现任北京局气餐饮管理有限公司出品总监

批量预制： 1.煨蹄筋：干猪蹄筋3.5千克洗净，放入盆中加温水浸泡一天，每500克干蹄筋涨发后得800~850克。锅入底油烧至四成热，下入干辣椒30克、花椒15克爆香，倒入清水6千克、葱段120克、姜片120克、白酒40克、红曲米40克，放入泡发的蹄筋大火烧开，转小火煨20分钟祛腥增香，捞出沥干，此时每500克蹄筋已涨发至1.25~1.5千克，且被染上一层漂亮的淡红色，将其改刀成长8厘米的段。2.发好的南美参4千克改刀成条；大葱白上均匀地打一字刀，然后切成长2.5厘米的葱段。

走菜流程： 1.锅入色拉油50克烧至五成热，下入大葱段35克炸至颜色金黄、边缘略带焦煳，倒入码斗备用。2.锅入宽水烧开，放蹄筋200克、海参150克汆透，捞出沥干。3.炒锅滑透，舀入步骤1炸好的全部大葱段以及少许葱油，倒入汆好的蹄筋、海参，在锅边烹入料酒30克，释放锅气的同时也能带走蹄筋的部分腥味；舀入海参汁120克、陈醋15克，加适量盐、鸡粉、白胡椒粉补味，中火煨3分钟，点入老抽3克，勾薄芡，淋入剩余的葱油，起锅装盘，点缀薄荷叶即可走菜。

海参汁的制作： 1.锅入色拉油300克烧至四成热，放葱段50克、洋葱40克、姜片40克、香菜30克、蒜瓣30克、八角15克、花椒15克、桂皮1段小火炸出香味，待蔬菜变得焦黄，滗出即成五香油。2.在锅中剩余的蔬菜、香料中，调入鲍鱼汁200克、蚝油100克、生抽50克、料酒50克、白糖50克、美极鲜味汁25克、红曲米粉10克，添入清水500克搅匀，小火熬浓，关火沥去渣子，倒入五香油搅匀即成。（文、图/辛燕）

技术探讨

李建辉： 干蹄筋的发制方法有两种：一种是油发，将干蹄筋泡入凉油中，开小火加热至蓬松，捞入冷水浸泡；另一种是水发，干蹄筋加清水泡一天，然后加葱、姜蒸40分钟，捞出再放入凉水浸泡一晚，通常500克干货能发出1.5~2千克。

蹄筋和海参都不易入味，建议将炸过的蔬菜与熬好的海参汁一同纳盆，提前放入海参、蹄筋蒸15分钟，在这一过程中，两种原料变得入味十足，走菜时再回锅收汁即成。

蹄筋烧海参

1.提前炸好的煳葱油

2.蹄筋、海参汆透

3.海参、蹄筋加入海参汁烧制入味

雪山菊花鱼

招牌亮点

◎此菜在菊花鱼的基础上加以创新，将炸好的鱼装盘，上面盖一个白色棉花糖，再把由泰国鸡酱、户户辣椒酱等熬成的甜辣酱汁灌入壶中，与菊花鱼一同走菜。上桌后，由服务员将酱汁缓缓淋在棉花糖上，让每位客人都能亲眼看到棉花糖中间塌陷、酱汁慢慢包围鱼肉的全过程，使就餐气氛更加热烈。

唐玉龙
现任西安墨食餐厅厨师长

制作人

制作流程： 1.草鱼片400克打上菊花花刀，加料酒15克、盐5克、鸡粉2克、白胡椒粉1克腌制3分钟，然后挤干表面水分，放入盛有玉米淀粉的盆中，给每根鱼肉条均匀拍粉。2.锅入宽油烧至六成热，分两次下入菊花鱼，炸1分钟至表面浅黄、定型，捞出后待油温升高至八成热，再次下入菊花鱼复炸至酥脆，捞出沥油后摆入盘内。3.锅入清水400克，下提前调好的甜辣酱汁500克搅匀，中火烧开后转小火熬至表面冒虾眼泡，淋少许水淀粉勾芡收浓，盛入壶中。4.在棉花糖机中加入白砂糖，打开机器，取一根竹签，让机器中"吐"出的糖丝不断缠绕在上面，直至做成一个形似"雪山"的棉花糖，将其扣在盘中，撒几片花瓣，带一壶甜辣酱汁即可走菜。上桌后，由服务员当着客人的面将甜辣酱汁淋在棉花糖上即成。

甜辣酱汁的制作： 锅入色拉油200克烧至四成热，下洋葱片80克、菜椒片80克、蒜片40克炸至洋葱片焦黄，捞出所有料渣，倒入泰国鸡酱600克、户户牌辣椒酱150克、番茄酱100克，小火炒香后添高汤400克，调入冰糖粉25克、盐20克、味精10克充分搅匀，小火加热5分钟即可。

技术关键： 1.菊花花刀改刀方法大致如下：带皮鱼肉去净鱼刺，皮面朝下放在砧板上，斜刀45°切至鱼皮（刀口间隔4毫米，深度为鱼肉厚度的9/10），每三刀一断，然后将其旋转90°，打直刀（刀口间隔、深度与斜刀相同）即可。2.炸鱼时需用筷子夹住，浸入油中微微晃动，以免鱼肉条粘在一起，这样才能炸出漂亮的菊花形。（文、图/李金曼）

雪山菊花鱼

雪山菊花鱼

1.草鱼片打上菊花花刀，腌制入味后放入盛有玉米淀粉的盆中，均匀拍粉

2.菊花鱼入六成热油炸至定型，捞出后升高油温至八成热，再次下入热油中复炸至酥脆

3.锅入清水，下调好的甜辣酱汁搅匀，小火熬至表面冒虾眼泡，勾芡盛入壶中

4.用机器制作棉花糖

5.将棉花糖扣在盘中，带一壶甜辣酱汁走菜

6.上桌后，由服务员将甜辣酱汁淋在棉花糖上即成

小河虾土豆球

招牌亮点

◎炒河虾是一道极受食客欢迎的家常菜，西安唐玉龙大厨将其搬入餐厅，进行了两点改良：第一，在炒河虾时加入软韧的豆干，使口感更加丰富；第二，原本炒河虾的卖相有些杂乱，唐大厨在印度小吃土豆球中得来灵感，用土豆泥加面粉、清水等和匀后制成面片，烘干后炸成口感酥脆的小球，将炒好的河虾盛入土豆球，放在金黄色的油炸小米上，卖相亮丽、吸睛。

批量预制： 1.小米淘净，入清水浸泡20分钟，捞出沥干，入五成热油中炸至金黄、膨胀，捞出后放入垫有吸油纸的托盘中。2.小河虾清洗干净，撒少许干淀粉抓匀，入四成热油中炸至色泽变红，捞出沥油待用。

土豆片的制作： 1.选用淀粉含量较高的土豆去皮切块，入蒸箱蒸熟后捣成泥，滤掉粗渣待用。2.每500克土豆泥中加面粉160克、清水250克、色拉油50克、盐8克揉成光滑的面团，然后擀成厚2毫米的大片，用直径为5厘米的模具扣出圆片，每两个圆片叠放在一起，用擀面杖擀几下，然后压实边缘，放入烘干机烘至表面干硬，置于保鲜盒中密封保存。

注： 这种空心土豆球也有半成品出售，可直接购买使用，更加方便。

走菜流程： 1.锅入宽油烧至四成热，下做好的土豆片，轻轻用漏勺推动，使土豆片受热膨胀成圆球；然后继续炸30秒，至土豆球表面金黄，捞出沥油待用。2.将炸好的土豆球置于案板上，用菜刀沿缝隙轻轻切开即成土豆盏。3.锅入色拉油200克烧至七成热，下炸好的小河虾100克复炸5秒至外皮酥脆。4.锅留少许底油，下豆干丁60克中火煸15秒，放野山椒碎15克、小米椒圈8克、蒜末5克、姜末2克炒干水汽；撒韭菜段60克颠炒几下，倒入炸好的小河虾，调入东古一品鲜酱油5克、美极鲜辣炒汁5克、蚝油3克、鸡粉1克、白胡椒粉1克，淋色拉油15克，大火炒10秒即可起锅盛入码斗。5.盛器内铺入炸好的小米250克，用小勺将炒好的小河虾装入土豆盏，摆在炸小米上，稍加点缀即成。（文、图/李金曼）

1.提前批量炸好的小米

2.土豆片入宽油炸至膨胀成圆球，然后继续炸30秒至表面金黄，捞出沥油

3.将炸好的土豆球置于案板上，用菜刀沿缝隙轻轻切开即成土豆盏

4.炸好的小河虾入锅复炸至外皮酥脆

5.锅入豆干丁、韭菜段、小河虾翻炒入味

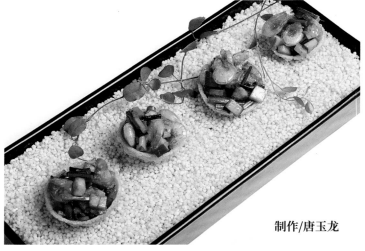

制作/唐玉龙

小河虾土豆球

纸包虾

招牌亮点

◎这款虾是从万州纸包鱼中获得的灵感，鲜香麻辣很接地气，用香菇、蕨菜、魔芋等食材垫底，大大的罗氏沼虾摆在其上，浇入烧好的料汁即可走菜；上桌后再加热，食客可看到虾肉由生变熟的过程，就餐气氛热烈。

罗氏沼虾是一种大型淡水虾，虾身呈青蓝色，尾部有斑点，壳薄肉肥、口感细嫩，并且虾膏十分鲜美，有类似蟹黄的味道，过油后连外壳也是酥脆的，整只虾没有可以浪费的地方。罗氏沼虾喜温热，多产于珠三角地区。

按个头大小，罗氏沼虾被分为三种规格：40只/千克的虾被称为小头罗氏沼虾，20只/千克的虾被称为大头罗氏沼虾，12只/千克的虾被称为炮头罗氏沼虾，其中大头罗氏沼虾比成年人的手还要长一些，进价约为90元/千克。

陈丹
西安虾塘餐厅曲江海港城店店长

制作人

制作流程： 1.将玻璃纸铺在卡式炉的托盘上，莲藕100克、香菇25克洗净后改刀成片；竹笋尖150克一片为二，再改刀成段，以上食材同魔芋块120克、蕨菜段70克一起下锅焯水，捞出后铺在玻璃纸上，将大头罗氏沼虾16只码放在其上。2.锅入底油，依次放蒜片10克、姜片10克、花椒10克、小米椒圈5克、干辣椒段25克煸香，加自制辣椒酱100克、孜然粉8克，添清水1.5千克烧开；调入鸡粉5克，大火收至料汁约剩1千克时，起锅浇在虾身上，再放入香芹段10克、香菜少许，撒上适量白芝麻。3.扣盖上桌，开火煮至汤汁沸腾、虾肉变色即可食用。

自制辣椒酱： 锅入色拉油500克烧热，下郫县豆瓣酱（打碎）200克、富顺香辣酱100克、美国辣椒仔辣酱80克、甜面酱50克、五香粉8克小火不断翻炒10分钟，添高汤500克，调入家乐辣鲜露50克、家乐鸡粉30克、糖15克小火熬10分钟，收浓汤汁即成。

特点： 虾肉极嫩，微带辣味，底部配菜饱吸汤汁，滋味浓郁。（文、图/李金曼）

1.藕片、笋段等入盘垫底

2.摆入大头罗氏沼虾后浇入汤汁，上桌后开火加热

纸包虾

牛气冲天

招牌亮点

◎此菜选用牛脖骨作为主料，由于此部位平时活动频繁，所以肉质比较"有劲"，经过"卤""烧"两步后入味更渗透，口感筋道却不塞牙。

此菜的另一大亮点是卖相——陕北地区的面食花样繁多，食客点得太多又吃不了，所以这里定制了一款造型独特的铁盘，将牛脖骨置于中间，加入小土豆，在其四周放上黄馍馍、摊黄、油馍馍、炸糕这四种杂粮小吃，仅仅增加了10元的成本，就将毛利提高了20%，同时也让食客感觉非常实惠。

高福堂

生于1973年，17岁到陕西省华秦技术学院学厨，1997年在内蒙古经营学府酒楼，之后创办了"永和羊棒骨""斯琴高娃大酒店""蒙骨柴火大锅台"等餐饮品牌，现为西安羊瑞堂铁锅羊肉餐厅创始人。

制作人

批量预制： 1.牛脖骨用电锯锯成大块，置于细流水下浸泡2个小时，然后冷水下锅汆去浮沫，捞出冲净。2.将汆好的牛脖骨放入卤水中小火卤两个半小时，捞出待用。3.小土豆去皮蒸熟，入六成热的宽油中炸至外皮金黄待用。

走菜流程： 1.客人点单后，用台秤称取卤好的牛脖骨1千克。2.锅入底油烧至五成热，下蒜片30克、姜片20克、干朝天椒段15克、葱花10克炒香，舀入原卤汤400克（提前打去渣子）、清水200克，放入称好的牛脖骨，大火烧开后转小火；加蚝油35克、老抽8克以及盐、鸡精、味精各适量，放入炸好的小土豆250克，保持小火烧3分钟，淋水淀粉勾薄芡，转大火收浓汤汁，起锅将小土豆盛入铁盘（为了给菜保温，冬天需将铁盘提前加热至60℃以上）底部，上面放牛脖骨，在四周的小格子里，分别加上黄馍馍1个（底部垫少许白菜）、油馍馍1个（陕北的一种风味小吃，由土豆、小麦面粉、荞麦面粉等和匀后入油炸制而成，色泽金黄，中间有小孔，形似甜甜圈，外脆内软、香甜可口）、摊黄3块（陕北特色面食之一，大致做法为将黄米面、小米面、玉米面、荞麦面等与少许小麦面粉混合，再加清水调匀发酵，倒在鏊子中烙至两面金黄）、黄米炸糕3块，在剩余一格中撒少许干冰，浇入热水即可走菜。

卤水的制作： 1.砸断的牛棒骨10千克、鸡骨架5千克、老母鸡2只入沸水焯去浮沫，放入不锈钢桶中，加清水30千克，大火烧开转小火煮4个小时，然后转大火将汤冲至浓白，打渣后约得25千克牛骨汤。2.锅入色拉油800克烧至四成热，加八角100克、干红花椒80克、干辣椒段60克、甘草40克、陈皮40克、桂皮20克、白芷20克、香叶20克、黑胡椒粒20克、肉豆蔻12个、草果（拍破）8个小火翻炒15分钟至香气逸出；下姜片300克、洋葱块200克、陕北红葱段200克继续小火翻炒至葱段焦黄，起锅捞出蔬香料，与黄栀子（提前捏开并入清水中浸泡20分钟）16克一同装入纱布袋，锅中料油待用。3.在煮好的牛骨高汤中放入纱布袋，小火煮30分钟，加盐400克、料酒200克、冰糖100克、味精100克，倒入步骤2中剩余的料油，淋老抽100克调成酱色即可，这桶卤水能卤20千克牛脖骨。4.第二次卤制时，需加1个新的香料包与等量的料油，即每次卤制时保证汤中有1个新料包、1个老料包；每天晚上毕餐后，需打出料渣与部分浮油，舀出30%的老汤弃之不用，将剩余卤水置于阴凉通风处加盖保存，次日卤制前续添新汤、料包、调料即可。

技术关键：1.从黑椒牛排得来灵感，在这款卤水中加入少许黑胡椒粒，增加一种柔和而又诱人食欲的香气；以黄栀子、老抽代替糖色，以免调好的卤水发苦、变色。2.走菜时，由于原汤含盐量较大，所以应添适量清水一同烧制，以免成菜味道过咸。

（文、图/李金曼）

牛气冲天

1.提前卤好的牛脖骨

2.提前炸至金黄的小土豆

3.盛器周围摆上陕北特色面食，让顾客感觉更实惠

花椒牛肉

招牌亮点

◎这是一道下饭小炒，其辅料较为别致：干花椒、土豆条、酥豌豆、小米椒，口感上有脆有糯，颜色上棕色、黄色、红色穿插，味道麻香鲜辣，引得人眼前一亮。另外，此菜在材料的处理上亦有小妙招——为了防止花椒受热后颜色变乌、影响卖相，入菜前需经热水氽、葱油炒两步，使其在麻香的基础上增添葱香，且颜色变为肉红，更加靓丽诱人。

何伟
现任成都大蓉和拉德方斯店厨师长

制作人

批量预制：1.雪花牛肉4千克改刀成1厘米见方、4厘米长的条，纳盆后加美极鲜味汁80克、黑胡椒碎70克、百里香50克、盐40克、味精30克、鸡精30克以及适量蛋清、水淀粉抓匀腌制2小时。2.土豆改刀成与牛肉等大的条，下沸水（添加少许盐、油）氽烫2分钟，捞出后入六成热油炸至颜色浅黄，沥油备用；豌豆洗净，放入凉水浸泡12小时，捞出控干水分，放入托盘，覆膜大火蒸30分钟，取出自然凉凉，开餐前30分钟将豌豆分批下入七成热油中炸至金黄酥脆，捞起沥干油分。3.大红袍花椒2千克放入漏勺，下沸水中氽一下立刻捞出；锅入葱油1千克烧至三成热，下花椒小火炒1分钟，关火盛出继续浸泡，此时葱油变为葱香花椒油。

走菜流程：1.锅入宽油烧至七成热，下入牛肉条400克炸至表面变色，捞出备用；再放入土豆条100克复炸至颜色金黄，捞出沥油。2.锅入葱香花椒油20克烧至五成热，放蒜粒20克、姜粒15克爆香，倒牛肉条，再放入大红袍花椒100克大火炒匀，接着下入酥豌豆100克、土豆条100克、鲜红小米椒圈20克，调入烧烤料10克、黑胡椒碎10克、甜椒粉6克、味精5克、鸡粉5克大火快速翻匀，起锅装盘，撒白芝麻10克即可走菜。

烧烤料的制作：1.熟黄豆粉、熟花生粉、熟白芝麻按照6：3：1的比例兑匀即成干果粉。2.干二荆条辣椒段1千克、孜然650克、盐600克、花椒250克、香叶30克、八角20克、桂皮20克、小茴香15克入净锅干炒出香，放进粉碎机打碎，取出加干果粉250克拌匀即成。（文、图/辛燕）

1.牛肉切条腌制

2.入锅炸至金黄

花椒牛肉

3.花椒入葱油炒香，盛出继续浸泡

4.锅入牛肉条、花椒等翻炒均匀

5.提前做好的烧烤料

麦片虾

招牌亮点

◎这款麦片虾有两大亮点：第一，在溶化的黄油中加入蛋黄，充分融合并使之起泡、蓬发，激出蛋黄的浓郁香气，其黏性能让虾身更易裹上麦片，凝固后成菜口感更加松脆；第二，在黄油、麦片、蛋黄三者味道的基础上，加入适量咖喱叶和小米椒，赋予成菜淡淡的清香和辛辣，味道更富层次。

何宝威
现任珍宝海鲜西安店主厨

制作人

制作流程： 1.鲜活海白虾（每只重25克）8只洗净，用厨房纸吸干水分，表面粘一层木薯淀粉待用。2.锅入菜籽油烧至180℃，下入海白虾中火炸3分钟，至外皮酥脆即可捞出，锅内放入咖喱叶4片拉油，捞出待用。3.锅入黄油50克，下小米椒圈6粒，小火加热至黄油溶化，缓缓倒入蛋黄液70克，边倒边搅，之后转大火继续搅动，使黄油和蛋黄充分融合在一起；放入炸好的海白虾及咖喱叶，不断颠炒至虾身均匀裹上一层黄油蛋糊，下成品奶香麦片75克（这种麦片在加工时，通常会放入奶粉、白糖、盐、味精等调味料，奶香浓郁），转小火翻炒2分钟；起锅先将部分麦片盛进盘中，再摆入大虾和剩余麦片，放上咖喱叶即成。

技术关键： 1.用木薯淀粉代替常见的玉米淀粉裹在虾身表面，炸制后口感更加松脆。2.炒制此菜时，经历了两次火候的变化：首先，黄油入锅后需小火加热至溶化，火候太大易糊；倒入蛋黄液后需转大火，并用锅铲快速搅动，使液体开始冒小泡并不断膨胀；倒入麦片后则需再次转小火翻炒，以免火候太大使质地较薄的麦片变糊。（文、图/李金曼）

1.制作此菜所需的食材

2.锅入黄油烧化，淋入蛋黄大火炒至蓬发

3.下入炸好的大虾翻匀

4.倒入麦片裹匀

麦片虾

山楂鹅肝棒

制作人

招牌亮点

◎将山楂煮熟，制成红亮酸甜的山楂片，卷入鹅肝泥做成山楂棒，两端粘上燕麦片，外酸甜内醇香，漂亮又好吃。此菜还可以做成素馅版，只需将鹅肝换成铁棍山药泥。

贾红喜
芜湖墨宴·湖畔餐厅行政总厨

批量预制：1.鲜山楂5千克洗净去核，加适量清水、白糖煮约20分钟，倒进料理机中打成泥，过滤掉粗渣。2.将耐高温硅胶垫铺在案板上，摊匀山楂酱后入上下火均为150℃的烤箱内烤15分钟，待表面干爽时取出，揭下山楂片后裁成10厘米见方的块，摞入保鲜盒后冷藏备用。3.法国鹅肝用牛奶浸泡约10小时，直接带牛奶煮熟；取500克入料理机，加入日本豉油（口味咸鲜，作用相当于国产的鲜味酱油）50克、清酒20克、味淋10克、盐10克打成泥状备用。4.燕麦片入三成热油炸至微黄后捞出，摊在吸油纸上备用。

走菜流程：在每张山楂片上抹30克鹅肝泥卷成卷儿，两端沾上少许苹果酱、裹匀燕麦片，取一只白色长平盘，斜向摆放六个山楂卷即可走菜。

铁棍山药版：将铁棍山药去皮后蒸熟，切成长约10厘米的段并用裁好的自制山楂片包起，其余流程与鹅肝版相同。

特点：卖相精致，酸甜适中，燕麦片的加入丰富了口感。

（文、图/钱蕾蕾）

1.山楂煮熟

3.揭去保鲜膜，裁成长片

2.山楂打成泥后在硅胶垫上摊匀，覆一层保鲜膜，送入烤箱

4.鹅肝用牛奶浸泡、煮熟

5.鹅肝打成泥后卷入山楂片内

6.山楂卷两端沾上苹果酱

7.山楂卷裹匀燕麦片

山楂鹅肝棒

法式橄榄泥羊排配烤橙

招牌亮点

◎羊排裹上橄榄酱同烤，橄榄的清香混合羊肉的焦香，风味诱人。走菜时搭配烤好的橙子块，水果的清香可缓解羊排的膻味，也使摆盘更具创意。

王文浙

现为上海香草山西餐厅联合创始人兼厨务总监

制作人

提前预制：带骨羊排3千克洗净切块纳盆，每块带4根肋骨。将洋葱粒200克、西芹粒200克、胡萝卜粒200克、迷迭香10克、黑胡椒10克揉搓出汁水后均匀地抹在羊排表面，腌制4小时备用。

走菜流程：1.自制果木烤炉的烤网上刷油，放入一块带骨羊排烤4分钟（每面各烤2分钟）至上色后取出，放入烤箱再烤5分钟，取出在表面均匀地盖上一层橄榄酱（约100克），再进烤箱加热3分钟取出。2.盘底抹土豆泥30克，点缀煸熟的香菇片、甜蜜豆以及圣女果、迷迭香，放上烤好的羊排。甜橙一分为二，用喷枪烤至表面微微皱起后摆在羊排旁边，搭配客人自选的酱汁即可走菜。

橄榄酱的制作：去核黑橄榄1千克、马苏里拉芝士200克、面包糠100克、黄油70克、炒干的口蘑粒70克、橄榄油70克、卡夫芝士粉20克、黑胡椒粉5克、荷兰芹末3克入搅拌机打成糊即可。

注：此菜所用的果木烤炉是自制的，外形呈蛋壳状，结合了果木烤鸭的挂炉与西餐扒炉的优势，保留了原炉具肚子鼓、两头细的特征，将其缩小后改造成蛋形，底部为支架，将烤炉架设到最方便操作的高度。烤炉上端设计了密封性极佳的半球形炉盖，目的有二，一是能够保持炉内高温，二是可以将明火与外部进行隔绝、保障安全。炉盖正中有一个圆形的温度指示计，炉内最高可达600℃，平时一般保持在450℃。烤炉下端设有通风口，如想使烤炉保持在某温度，将通风口关闭即可，若需升温，则将通风口打开。烤炉中间搭有一张烤网，底部点燃果木炭后，即可将牛排等摆在烤架上，合上炉盖即可烤制。蛋形果木炉温度更高、受热面更均匀，最大程度缩短了食材受热时间，从而减少汁水渗出，保持了肉香和鲜美度。

此菜将牛排先入果木烤炉迅速封住表面、锁住水分，然后再入烤箱加热至成熟，口感更理想。（文、图/钱蕾蕾）

1.羊排腌制后上炉烤制

2.再将羊排放入烤箱烤5分钟

3.羊排抹上橄榄酱

4.再次放入烤箱烤出香气

5.盘底垫土豆泥，摆上炒熟的甜蜜豆等，放入烤羊排即成

法式橄榄泥羊排配烤橙

罗汉果红烧肉

批量预制（10份量）： 1.带皮五花猪腩肉4千克用喷枪燎去毛茬，改刀成4厘米见方的块，下入冷水锅焯透，捞出后洗净表面污物待用。
2.净锅滑透留少许底油烧热，下入甘草5克、白豆蔻5克、桂皮7克、八角7克、陈皮7克、山奈10克、草果10克、罗汉果芯10克、香叶10片，煸香后放入五花肉块，大火炒匀，加入清水没过主料，调入白糖30克、鸡精50克、味精50克、老抽70克、盐80克、蚝油100克，大火烧开后盛入汤桶，下糖色250克，上煲仔炉烧开，小火加热40分钟。

走菜流程： 取10块红烧肉下锅，加少许原汤，上火将汤汁收浓，每块红烧肉盛入一个掏空内芯的罗汉果壳内，淋上少许汤汁，摆入托盘，上笼旺火足汽蒸5分钟，取出后撒炒熟的白芝麻点缀，装盘即可上桌。（文、图/毛年华）

招牌亮点

◎这款红烧肉在制作时，除了添加常见的山奈、草果、八角、桂皮等香辛料，还调入了罗汉果的芯，起到增香祛异的作用，走菜前再次回锅，收浓汤汁，盛入罗汉果外壳做成的小盏中上笼蒸制，让肉香味跟罗汉果的香气更好地融合。

制作人

张兴盛
现任广西南宁壮乡楼餐厅行政总厨

1.此菜所用原调料

2.五花肉切块后氽水

3.走菜时将烧好的肉块入锅大火收汁

4.罗汉果掏空内芯，做成盏

5.煨好的五花肉装入盏内

6.上笼旺火稍蒸片刻，使其香味融合

罗汉果红烧肉

徽三素鹅颈

招牌亮点

◎素鹅颈是黄山的一道经典土菜，原做法是将豆腐皮裹入馅料先炸后蒸，形似鹅脖子，这里将其与本地特色干萝卜丝结合——先在锅仔内垫入用火腿炒香的萝卜丝，再摆放素鹅颈，一起加热后香气浓郁，可食性更强。

制作人

付国兵

安徽黄山"徽三说"餐厅创始人。"徽三说"的第一家店只有三个包厢，墙上分别嵌了三句话，可以概括付国兵的创业历程和经营思路："爱的另一个名字叫聊得来"，有共同目标、聊得来，这是餐厅合伙人能够持续合作的基础；"反过来走路，人生更精彩"，他的开店风格、产品形式，全部与别人不一样，这样才能闯出自己的天地，否则就只能死在模仿的路上；"人生没有彩排，天天都在直播"，让他不遗余力，从没停止过打拼。

制作流程：1.制作素鹅颈：瘦肉末500克、韭菜末300克打入鸡蛋2个，放盐调味后搅打上劲，豆油皮铺在案板上，卷入馅料后用水淀粉封口，下入六成热油中炸至外皮金黄、馅料熟透，出锅放凉后冷藏备用。2.加工干萝卜丝：黄山产干萝卜丝用清水泡透、沥净，锅内放菜籽油20克，入火腿丁30克煸香，下萝卜丝200克翻炒至吸入油分，出锅垫在煲仔底部备用。3.取素鹅颈两条斜刀切成0.5厘米厚的片，均匀摆放在萝卜丝上，淋入味汁50克（清水中调入盐、酱油、菜籽油各少许），扣上盖子大火烧开，上桌后揭盖，萝卜干的香气与肉香交融后喷涌而出，极为诱人。

特点：素鹅颈软嫩，萝卜丝筋道，火腿香气浓郁。（文、图/钱蕾蕾）

1.豆油皮中放入韭菜肉馅

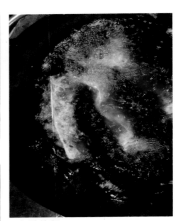
4.入油炸熟

2.卷紧实

3.刷水淀粉封口

5.放凉后冷藏备用

徽三素鹅颈

开胃美容牛蹄

招牌亮点

◎此菜的制作方法很特别：卤牛蹄时加入大量萝卜，能有效去除原料的膻味；走菜时先汆透，再加醋汁调拌，十分开胃。

马聪灵
成都牛水煮餐厅主理人

制作人

批量预制： 牛蹄10只经过两遍灼烧、刮洗，去尽毛茬，放入五香卤水中，加白萝卜块2千克中火卤1小时，关火焖4小时至充分上色入味，捞出去骨，改刀成块。

走菜流程： 1.青笋丝100克入油盐水汆5秒，捞出沥干，摆入盘底。2.锅入清水300克，下入牛蹄块200克、鲜红小米椒碎20克汆透，关火捞出牛蹄块，加汆牛蹄的原汤100克、醋汁30克、韭菜末30克拌匀，盛入垫有青笋丝的盘中即可走菜。

醋汁的制作： 陈醋2千克、香醋400克、果醋100克调匀，加入姜末550克拌匀后封上保鲜膜，入冰箱冷藏一夜，取出后捞去姜末，加香油200克、酱油400克、蚝油70克、白糖50克、鸡粉40克、味精40克、白胡椒粉20克搅匀即成。

技术关键： 经过汆烫，牛蹄中的部分卤香渗入清水中，以此原汤调拌牛蹄，滋味更足。（文、图/辛燕）

1.牛蹄汆水，加少许小米椒碎

2.加醋汁拌匀后装盘

开胃美容牛蹄

秧草烧河豚

制作人

招牌亮点

◎河豚先煎香再红烧，借鉴鲁菜"葱烧海参"的味型，以大量葱段烹制，并加入煳葱油增添香气，搭配秧草上桌，很受客人欢迎。

魏学林
现任南京上品汇、寻魏品牌创始人

制作流程（两位量）： 1.选用重约400克的菊黄豚（河豚的一种，因体侧暗纹似菊花而得名）2条安全宰杀，剪掉鱼鳍，开腹去内脏，保留鱼肝、鱼卵，剥掉鱼皮，在细流水下冲5小时，以便充分去尽毒素；鱼皮用80℃热水淋烫，刮洗去净黏液。2.锅入菜籽油50克、猪油30克烧至五成热，放河豚的肝脏小火煎至金黄，放入香葱300克、姜片50克继续煎香；放入河豚，添浓汤浸没原料，加黄酒25克、酱油8克、糖6克、盐5克、白胡椒粉3克，再舀入煳葱40克、煳葱油20克烧30分钟；放入鱼皮、鱼卵再烧10分钟。3.秧草200克洗净汆水，沥干后分别垫入两个小砂锅，然后在每个砂锅中装入一条河豚鱼，盖上鱼皮，放鱼卵、鱼肝，浇入原汤（沥渣）200克即可走菜。

煳葱油的制作： 锅入花生油1千克，下入葱白段1千克、姜片100克、香叶15克、桂皮1段、八角2个，小火慢炒至葱白呈浅褐色，关火倒入不锈钢盆，继续浸泡出味。（文、图/辛燕）

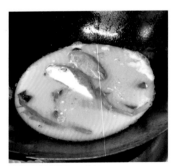

3.加入浓汤炖30分钟

1.河豚鱼安全宰杀，取出鱼肝、鱼卵

2.锅入混合油烧热，下鱼肝煎黄

4.提前熬好的煳葱油

秧草烧河豚

黑松露珍珠滑鲍鱼

招牌亮点

◎将珍珠米与鲍鱼结合，做成半汤上桌，金黄的色泽十分诱人，而其独特香气，则源自煳葱油和松露酱：前者将大葱炸至微焦出香；后者则在成品松露酱中增加了烤葱碎、洋葱粒，使得此菜被不同类型的葱香包围。

批量预制：1.珍珠米淘洗干净，放入托盘后加适量清水晃匀，再将托盘送进蒸箱大火蒸熟，取出拨散晾凉备用。2.鲍鱼刷洗干净，放入锅中，添高汤浸没，开火烧至微沸，调入适量家乐鸡汁、盐小火煨10分钟，取出吸干水分，去掉外壳和内脏，将鲍鱼肉泡入葱油保存。

走菜流程（三位量）：锅入高汤450克，加南瓜蓉10克搅匀上色，下珍珠米75克烧沸，调入适量盐、鸡汁、糖，勾薄芡，舀入松露酱6克，下三只鲍鱼，淋煳葱油6克，起锅分装入三个盘中，点缀花草即可走菜。

制作松露酱：1.大葱1千克剥去外皮，除掉老叶，分层剥开成片，摆进托盘，放入上下火均为80℃的烤箱烤2小时，期间注意观察，千万不要烤煳，待葱片烤干，取出打碎；虾米500克、火腿300克、干贝200克烤干，取出打碎；辣椒籽100克入净锅炒出油脂，关火盛入料理机打碎成粉。2.锅入底油烧至五成热，下入洋葱蓉300克炒出香味，倒入成品松露酱2千克，加步骤1制好的大葱碎、虾米碎、干贝碎、火腿碎、辣椒籽粉小火炒匀，调入适量盐、白糖翻匀即成。

煳葱油的制作：锅入花生油1千克，下入葱白段1千克、姜片100克、香叶15克、桂皮1段、八角2个，小火慢炒至葱片呈浅褐色，关火倒入不锈钢桶，继续浸泡出味。

技术关键：煨好的鲍鱼去掉外壳、内脏后，需泡入凉透的葱油，一是为了降温，避免因余温持续加热而使原料肉质变老；二能增加鲍鱼的油香和葱香。（文、图/辛燕）

1.此菜所需的原料

2.锅内加高汤，下入珍珠米

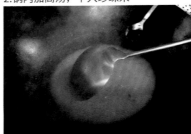
3.舀入松露酱

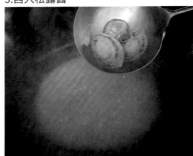
4.放入处理好的鲍鱼

制作/魏学林

黑松露珍珠滑鲍鱼

古法焗羊排

招牌亮点

◎福建省武平县岩前镇的黑山羊，吃树叶长大，此菜选其肋排为原料，肉质细嫩、膻味极淡，制作时先入调好的料汁中高压至酥烂，过油后放在垫有热海盐、炸香茅的盘内，成菜外焦里嫩、汁水充盈、醇香浓郁，带有独特的香茅草气息。

张伟华

梅州兴宁市城南酒店创始人，现任广东省烹饪协会副会长、梅州市餐饮行业协会会长

制作人

批量预制：1.选武平黑山羊带皮肋排，燎净表皮余毛，冲去血水，入锅焯至五成熟，捞出后冲净浮沫待用。2.高压锅内倒入高汤（分量以能没过肋排为准），加鲜沙姜350克、葱段300克、姜片250克、成品盐焗鸡粉160克以及盐、味精各适量，搅拌调匀，放入羊肋排4块（共重约7.5千克），大火烧开转小火压15分钟至肉质酥烂，捞出羊排，剩余汤汁倒入盛器。3.待羊排凉凉后，改刀成长7厘米、宽2.5厘米的块，放入原汁浸泡待用。

走菜流程：1.锅入宽油烧至五成热，下卤熟的羊排6块炸约70秒，捞出沥油纳盆，表面均匀撒少许调料粉（成品盐焗鸡粉、盐、味精以10：2：1的比例调匀）。2.净锅上火烧热，倒入粗海盐300克小火翻炒2分钟至85℃，起锅盛入盘中垫底。3.鲜香茅草60克入四成热的宽油中炸至色泽金黄，捞出沥油，铺在盘内海盐上，再摆上炸好的羊排即可走菜。（文、图/李金曼）

技术探讨

Q：为何不用干香茅草？鲜香茅草炸干后，香气不会流失大半吗？

A：干香茅草的气味较为浓烈，因此我们选择了闻起来更为清新的鲜货；在实际操作中，炸鲜香茅草这一过程只有短短十几秒，因此不会导致香气过度流失。

1.羊排入锅炸至外焦里嫩

3.粗海盐入净锅小火翻炒至85℃，起锅盛入盘中垫底

2.捞出纳盆，表面均匀撒调料粉

4.鲜香茅草入油炸至金黄，捞出铺在盘内海盐上，再摆上炸好的羊排即成

古法焗羊排

咖啡煎牛小排

招牌亮点

◎为牛排赋予咖啡的香气——牛排腌制时加入咖啡豆磨成的粉，先煎后烤至五成熟，上桌前淋入咖啡酱汁，成菜闻起来香气浓郁，入口却恬淡柔和，咖啡的味道与牛肉的原香相互衬托，并巧妙地融合在一起。

朱菊
广州天荟融合私房菜馆主理人

制作人

提前预制： 1.意大利咖啡豆磨碎，放入无水无油的锅中炒出香味；洋葱、胡萝卜分别洗净切碎备用。2.安格斯雪花牛小排解冻后改刀成重约100克、厚4厘米的块，每块牛肉加洋葱碎30克、胡萝卜碎30克、磨碎的咖啡10克、黑胡椒粉5克、盐3克、香叶2片、小苏打少许，揉搓均匀后腌制2小时。

走菜流程： 1.平底锅烧热，淋入少许橄榄油，放入腌好的牛小排1块，小火将两面各煎10秒。2.烤箱预热至200℃，放入煎好的牛小排烤6分钟，取出后改刀成2块装盘，摆上一截酸瓜条，周围点缀水果、草莓酱、咖啡豆和花草，淋上调好的咖啡酱汁即可走菜。

咖啡酱汁的制作： 平底锅烧热，下意大利咖啡豆50克小火炒出香味，添清水100克煮开，放入黄汁粉100克、红酒50克、甘露咖啡力娇酒（酒香浓郁、味道较甜，是制作提拉米苏不可缺少的调味料）100克小火煮约10分钟，淋水淀粉20克勾芡即成酱汁。

技术关键： 1.此菜的主料为安格斯雪花牛小排，切成4厘米的厚块，以免牛肉成熟过快导致水分流失；为了制出汁水充盈、肉质弹嫩的口感，只需烤至五成熟即可。2.黄汁粉常用来制作牛排酱汁，里面含有番茄、西芹、洋葱等蔬菜粉，它的加入可使咖啡味更加柔和。（文、图/李金曼）

> **技术探讨**
>
> Q：牛排为何要先煎后烤，直接煎熟不行吗？
>
> A：这两步的作用不同：牛排煎制时可在两面形成一层"保护膜"，将其中的汁水锁住，以免在后续加热过程中流失；将牛排送入烤箱可使原料受热更均匀，相对煎制也更易控制成熟度。

1.磨碎的咖啡粉

2.以咖啡豆、黄汁粉、红酒等熬好的咖啡酱汁

3.牛肉先煎后烤

4.上桌后淋入咖啡酱汁

咖啡煎牛小排

宜良野菌麻鸭煲

招牌亮点

◎这款鸭煲卖相大气、酱色浓郁,每只鸭子出1份菜,可供4~6人食用,是聚会的必点菜品。鸭子斩块后放进高压锅,添炒香的豆瓣酱、香辣酱等压至入味,并将海鲜菇、牛肝菌、杏鲍菇等多种菌类食材先炸后煮,再与鸭肉一同焖制,成菜香气醇厚、鲜味十足。

制作人

黄剑锋

现任广州鑫桂园餐厅厨师长

鸭肉的预制: 1.母鸭4只宰杀洗净(每只净重约750克),鸭头一切为二,鸭翅、鸭腿、鸭脖完整取下,剩余鸭身斩成核桃大的块,置于细流水下冲净血沫,摊开晾至微干。2.净锅滑透留底油,下鸭肉煎约5分钟至表面金黄,盛入高压锅,放入良姜8克、桂皮8克、山柰6克、草果6克、白芷6克、陈皮5克、白豆蔻5克、丁香2克。3.锅入适量色拉油烧热,下大葱段50克、小葱段50克、姜片50克、香菜50克、红葱头片20克、蒜末20克、小米椒20克、青椒20克炸至金黄,调入郫县豆瓣酱70克、美乐香辣酱70克炒香;添高汤1.5千克,烧开后调入蚝油30克、生抽25克、盐15克、老抽5克、味精5克、鸡精5克,中火煮约5分钟,倒入装有鸭肉的高压锅中;大火烧开,上汽后转小火压15分钟。4.将鸭肉捞出,按照翅、腿、脖、身平均分成四份;原汤沥渣留用。

菌菇的预制: 1.海鲜菇2.5千克、杏鲍菇2.5千克、冬菇200克、牛肝菌200克、五花肉200克改刀成大小相似的条。2.锅入宽油烧至100℃,放进改好刀的菌类食材炸至颜色微黄,捞出后再将其过水,去掉多余油分。3.锅入底油,下姜末100克以及五花肉条煸香,放入炸好的菌类食材,添高汤2千克,调入生抽、蚝油、盐、味精、鸡精、老抽各适量,大火烧开后转小火,加盖焖25分钟,拣出海鲜菇、杏鲍菇、冬菇、牛肝菌即可。

走菜流程: 1.双耳铁锅提前烧热,放蒜苗段20克,倒入香油10克;魔芋块切成厚3毫米的片待用。2.锅入宽水烧沸,下土豆片320克、魔芋片180克、鸭血块100克焯40秒,捞出盛入铁锅。3.锅入底油烧热,下干黄朝天椒10克、蒜片20克煸香,倒入一份鸭肉,添原汤600克煮透,放入预制好的菌菇250克烧开;加老抽5克调色,淋水淀粉勾芡,大火收浓汤汁后盛入铁锅,撒蒜片20克、蒜苗段15克、熟白芝麻5克,带卡式炉即可上桌。

技术关键: 公麻鸭个头大、肉质老,因此应选用生长期为1年左右的母鸭,香气十足且肉质较为软嫩。(文、图/李金曼)

1.此菜所需原料

2.土豆片、魔芋片、鸭血块入锅氽烫,盛入铁锅垫底

3.干黄朝天椒、蒜片入锅煸香,倒入鸭肉和原汤

4.放入预制好的菌菇烧开,勾芡即可起锅

宜良野菌麻鸭煲

技术探讨

　　罗华（昆明大山情老火塘餐厅创始人）：预制菌菇余下的汤汁不应倒掉，若在烧鸭肉时加入少许，可大大提升成菜的鲜味。

庆阳暖锅

招牌亮点

◎暖锅是甘肃庆阳市的传统美食，济南的徐建鲁大厨去甘肃考察学习后将其搬入餐厅，为了还原传统味道，他从甘肃定制了外形类似铜锅的砂锅盛器，造型古朴大气，每个重达2千克，只要中间装满有机木炭，就可以让食材在2个小时之内保持烫口的温度；这款暖锅所用的原料包括六素四荤十种食材，口感丰富、搭配得当，其中猪血煎饼运用了甘肃当地的传统做法，将猪血与面粉调成糊，入锅摊成薄饼，口感粗糙、略带嚼劲，味道非常独特。

徐建鲁
济南老席口土菜馆掌门人

制作人

制作流程： 1.取定制砂锅，最底下垫入白菜叶180克、菠菜叶150克，然后依次摆入青萝卜片400克、猪血煎饼300克、火腿片180克、炸豆腐片120克、鹌鹑蛋5个、泡透的黄花菜150克、炸腐竹段100克，最后铺上卤肉片（五花肉入咸鲜味卤汤中煮熟，捞出凉凉后切成厚2毫米的片）。2.锅入底油烧热，下河南新一代干辣椒段20克、蒜片10克、干红花椒5克、葱花5克、姜片3克、八角3克煸出香气；冲入猪骨高汤1000克，调入盐15克、鸡精5克、白胡椒粉3克、八角粉1克、生姜粉1克，大火烧开后倒入暖锅内，加鸡蛋皮35克、青蒜末8克、香葱花8克，盖上锅盖，在中间装满燃烧的有机木炭即可上桌。

猪血煎饼的制作： 1.猪血500克、小麦面粉500克纳盆，加盐8克、味精3克、白胡椒粉1克、十三香1克调成稀糊。2.平底锅炙透，舀入猪血糊300克，晃匀将其摊成直径约30厘米的圆饼，小火烙1分钟后翻面再烙30秒，起锅盛出，待其晾凉后切成菱形块即可。（文、图/李金曼）

1.猪血煎饼摆入锅中

2.再摆入其他食材

3.灌入熬好的汤汁

4.填炭后上桌

庆阳暖锅

鲍鱼捞饭

制作人

招牌亮点

◎以自熬浓汤做捞饭，配上鲍鱼、松茸、杏鲍菇，卖相大气，滋味香鲜，鲍鱼的加入提升了米饭的价值。

佟凤超

成都匠油师傅私房菜馆老板，人称"超哥"，是个在四川求学的东北汉子，从四川烹饪高等专科学校毕业后，在喜来登酒店、洲际酒店学艺，后来前往谭氏官府菜，成为那里大师傅的关门弟子，专门负责翅汤、浓汤的制作，习得一手扎实技艺。在此后的15年间，他辗转各大会所，设计出的菜品获得无数赞誉。2013年，他开始创业，先后打出"红墙记忆""匠油师傅"两个品牌，成为美食之都成都的"网红大厨"。

批量预制：1.柴老母鸡4只（重约7.5千克）、土麻鸭1只（重约1.8千克）宰杀洗净，对剖成两半；猪蹄2个燎烧去尽毛茬，刮洗干净，剁成块；猪前腿瘦肉2.5千克切条，猪排骨2千克斩块，冲水沥干。以上原料下入开水锅中，大火氽至变色，捞出冲去表面浮沫。2.金华火腿300克刮去表面氧化层，蒸熟后切成厚片；老母鸡油2千克、鱼骨500克、瑶柱100克用冷水漂洗干净；银耳50克泡发，入开水锅中煮10分钟，捞起漂洗干净。3.取一个大汤桶，添加清水75千克烧沸，下入鸡、鸭、猪蹄、排骨、瘦肉，大火烧开转小火煮1小时，加火腿、瑶柱、鸡油、鱼骨，以及葱头500克、拍姜300克、花雕酒250克、白胡椒粒20克，大火煮8小时，期间需数次搅动，使肉烂骨碎、汤汁变浓。捞出骨渣、肉渣用于熬制二汤，约得浓汤25千克，此时放入银耳，继续搅动，使油和汤融为一体。将浓汤装入保鲜盒，放入冰箱冷却至凝固，改刀成100克的块，分别用保鲜膜包裹严实，装入盒中密封冷冻保存。4.把步骤3中捞出的骨渣、肉渣放入垫有竹箅子的汤桶，掺入清水60千克，大火烧开转中火加盖煮4小时，待汤剩约35千克时，关火沥渣，即成二汤。

走菜流程：1.东北秋田小町大米洗净、蒸熟，取100克装进小碗，倒扣入小砂煲。2.鲍鱼刷洗干净，去掉内脏，两面打上十字花刀，下入烧沸的葱姜水中氽5秒至变色，立即捞出过凉，然后浸在高汤中备用；杏鲍菇改刀成丁，松茸切成片，虫草花去根，西蓝花掰成小朵，分别入高汤氽熟。3.锅入二汤200克、浓汤1块，小火熬匀，起锅浇在盛有米饭的砂煲中；中间码入杏鲍菇粒30克、松茸片10克、虫草花10克，放鲍鱼1只，周围点缀4朵西蓝花，加盖后带脆米（大米蒸熟，入清水洗至粒粒分明，沥干后入油炸至酥脆）、泡菜、熟木耳丝各一小碟走菜，上桌后倒入捞饭中搅匀食用。（文、图/辛燕）

1.捞饭上桌，带脆米、泡菜、木耳丝　　2.将配料倒入捞饭即可食用

脆米

泡菜

木耳丝

鲍鱼捞饭

有机鱼头泡饼

招牌亮点

◎千岛湖花鲢鱼头肉质细嫩多汁，将其撒少许生粉过油，以自制鱼头酱烧制，成菜中的鱼皮吸足汤汁，酱香可口，是一道桌桌必点的旺菜。

张宁
现任南京丈母娘的饭局餐厅行政总厨

自制锅饼： 面粉5千克纳盆，添酵母粉50克、泡打粉10克，缓缓加入清水和成软硬适中的面团，饧发20分钟；改刀成每个重500克的剂子，均匀擀成厚约1厘米的面饼，送入烤箱（上火180℃、底火200℃）烤制10分钟即成。

制作鱼头酱： 锅入色拉油、豆油、熟猪油各5千克烧至七成热，倒入蒜子（拍破）2.5千克、干二荆条辣椒1.5千克、葱段1.5千克、姜片1.5千克、花椒500克、小茴香250克，小火熬10分钟，加辣妹子酱4瓶（920克/瓶）、韩国辣椒酱4瓶（500克/瓶）、黄豆酱1500克、蚝油1500克，小火边熬边搅30分钟即可关火，倒入料桶中晾凉备用。

制作流程： 1.选用重2千克的千岛湖鲜活花鲢鱼，宰杀洗净，斩去尾部。将鱼头从下方劈开展平，鱼身打一字刀，背部朝上放入笊篱，均匀撒少许生粉，然后鱼头朝下缓缓放入四成热的宽油中，大火炸至表面微黄，捞出沥干油分盛入小铁锅备用。2.取自制锅饼一张改刀成10块，入蒸箱蒸5分钟回热。3.锅入清水1千克，调入鱼头酱400克，搅匀后大火煮沸，调入白糖20克、味精20克、盐15克、鸡精10克，沥渣后倒入盛有花鲢鱼头的小铁锅中，置于煲仔炉上以大火烧沸转中火炖20分钟，起锅前3分钟撒拍蒜子20克，倒入平底双耳铁锅、点缀香菜，带锅饼和卡式炉走菜。

技术关键： 鱼头过油前撒少许生粉，可使鱼皮更容易吸收汤汁；生粉不宜过多，否则会使汤汁过于浓稠。

（文、图/李佳佳）

1.鱼头撒少许生粉

2.入锅炸黄

3.清水加鱼头酱熬沸

4.倒入盛鱼头的铁锅炖制入味

有机鱼头泡饼

石烹安格斯牛肉

制作人

招牌亮点

◎这是一道极受欢迎的气氛菜，烹饪过程从后厨移到前厅：大厨将烤热的大石板搬到餐桌上，垫锡纸、刷黄油，食客可以自己动手，把切成小块的牛小排煎至滋滋作响，香气四溢。

沈雁兵
现任长沙串哥蟹逅虾妹餐厅行政总厨

批量预制： 安格斯牛小排切成长6厘米、宽4厘米、厚1厘米的块备用。石板提前放入烤箱加热至200℃

走菜流程： 取安格斯牛肉块200克装盘，带锡纸1张、烧热的石板1块、黑胡椒汁50克即可走菜。上桌后，服务员将锡纸铺在石板上，涂抹黄油30克加热至溶化，铺上安格斯牛肉块两面各煎2分钟，客人夹取后蘸黑椒汁食用。

黑胡椒汁的调制： 1.香芹碎500克、胡萝卜碎500克、干葱头碎500克、洋葱碎500克放入汤桶中，加纯净水5千克，大火烧开转小火煮1小时，此时桶内汤汁只剩一半，关火滤渣，留蔬菜汤待用。2.牛棒骨5千克放入汤桶内，添清水10千克，大火烧开后转小火熬煮4小时，待鲜汤只剩2千克左右时关火，打出渣子备用。3.锅入黄油50克烧热，下红椒碎30克、蒜末30克、洋葱末30克、黑胡椒碎500克炒香；冲入牛骨汤1.5千克、蔬菜汤1千克大火煮开，调入老抽5克、保卫尔牛肉汁10克、盐10克、蚝油30克、鸡汁50克、糖50克、美极鲜味汁80克搅匀，淋水淀粉勾芡至汤汁黏稠即成。

技术关键： 石板表面温度较高，牛肉块若切得太薄则容易变老，过厚则会导致外焦煳内夹生，因此肉块的厚度在1厘米左右为宜，只需两面各煎2分钟，就能达到外焦香、内多汁的效果。（文、图/李佳佳）

1.牛肉块摆盘，跟热石板一起上桌

2.把锡纸垫在热石板上，涂抹黄油

3.放入牛小排块煎2分钟

4.牛肉煎至外焦香、内多汁即可食用

秦川浆水牛小排

招牌亮点

◎借鉴岐山臊子肉的味型，用岐山香醋、黄豆酱油、香菜、香芹以及8种香辛料调制成一款卤水，放入牛小排、牛蹄筋卤至入味，走菜时再添适量浆水收汁，成菜咸酸适口，散发淡淡酵香。

张盼
现任西安莎莎Salsa餐厅厨师长

制作人

批量预制： 1.牛小排焯去血水，改成小块，放入烧开的卤水中小火煮40分钟，关火浸泡4~5小时；鲜牛蹄筋洗净焯透，改成小块，入卤水小火煮30分钟。2.捞出卤好的原料，以卤汤250克、牛小排200克、牛蹄筋100克为一份分装入盒中，放进冰箱储存。

走菜流程： 1.石锅内放入洋葱丝100克，加热至200℃。2.净锅上火，加少许底油烧热，倒入一份卤好的原料，淋浆水50克；小火将汤汁收浓，再勾入少许水淀粉，起锅倒进烧热的石锅，依次撒辣椒面（秦椒入净锅焙干，加孜然、八角、香叶、小茴各少许，一同打成粉末即可）5克、酥黄豆25克、香芹粒30克即可走菜。

特点： 成菜酸香醇厚，味道富有层次，牛小排肉质软嫩、汁水充盈，牛蹄筋口感爽滑有弹性。

卤水的调制： 1.锅入熟菜籽油350克烧至180℃，依次下姜块200克、葱段150克、蒜子100克，放入干秦椒30克、干红花椒10克，加八角50克、小茴香20克、草果（拍破）10克、白芷8克、白豆蔻8克、香叶2克（以上香料需提前洗净，入清水浸泡20分钟后沥干）中火炒香，离火捞出料头填入纱布袋制成香料包。2.炒锅再次上火，在油中烹入岐山香醋450克、东古酱油400克、淘大黄豆酱油150克，添高汤10千克，调入秦椒面100克（秦椒入净锅焙干后打碎，过滤掉粗渣即可）、鸡粉60克、盐30克；大火煮开转小火熬3分钟后倒入不锈钢大桶，加香菜200克、香芹200克，放入香料包即成卤水。这锅卤水可以卤5千克原料。

技术关键： 1.此菜需选用肥瘦相间的牛小排，以小火卤制入味，成菜口感才能汁水充盈，肉质不紧不柴；牛小排也可用牛上脑、牛腩肉代替。2.走菜前撒入的是鲜芹菜粒，而并非浆水菜，原因是鲜芹菜口感更脆，且香气随着石锅的热力能持续散发出来。（文、图/李金曼）

技术探讨

Q：调制卤水时，岐山香醋是否放得过多？

A：此菜的味型几乎和岐山臊子肉相同，酸味较重，因此需放大量香醋；另外，醋酸还可起到软化肉质纤维的作用，能令牛小排口感更嫩。

秦川浆水牛小排

1.卤好的牛小排、牛蹄筋加适量原汤分成小份

2.牛小排、牛蹄筋等入锅，淋浆水收浓并勾芡

链接

　　陕西地区的酸菜做法非常简单：只需将芹菜、萝卜等蔬菜放入煮面条剩余的面汤中，加盖浸泡，夏天约3天，冬天约7天，待菜叶变黄、汤汁变酸即可食用，当地人将其称为"浆水菜"。浆水菜的用途非常广泛，既可以煮面条、拌凉菜，也能与软饼等主食搭配制成一道新颖的小炒，而发酵的酸浆水也能作为调味品为各种菜品增添风味。

手抓羊排

招牌亮点

◎这道手抓羊排是西安奔跑吧陕菜餐厅的招牌菜，在制作时，首先，原料选择生长期为半年左右的宁夏滩羊，取羔羊的肋排部位，将其炖至软烂脱骨，肉质嫩滑可口，小孩和老人食用时也不会出现咬不动、塞牙等情况。其次，此菜在香辛料的选择上颇有讲究，炖制时不用八角、桂皮等色重、味厚的香料，仅加入少许小茴香、花椒、香叶以丰富味道层次，而祛膻的任务则交给了陕北红葱，这样既能使汤色浅、羊肉白、卖相亮，又保留了食材的原汁原味。最后，在羊汤内加入了胡萝卜和白萝卜，并端上一碟蒜醋汁用于蘸食解腻，让客人搭配着吃，口感清爽、毫无负担。

在卖相方面，餐厅定制了一款分量十足、精致复古的双耳黄铜盛器，里面能放置用于加热保温的蜡烛或固体酒精等，上面的盘内倒入羊汤，然后将不锈钢箅子斩半，架在盘上用于盛放羊排。这样既能让客人直观地看到主料，又可以随时舀出羊汤，大气吸睛的同时也非常实用。

李成
现为西安奔跑吧陕菜餐厅创始人

制作人

批量预制： 1.取宁夏滩羊的羔羊排置于细流水下冲泡一夜，去净血水。2.第二天备餐时，将羊排（每块重约500克，成熟后约350克）10千克放入大桶中，下陕北红葱750克、老姜100克、干辣椒20克，加香料包1个（花椒3克、香叶3克、小茴香5克提前入清水洗净，捞出后装入纱布袋），调入盐200克、味精适量，添清水没过原料；大火烧开转中火煮40分钟，关火浸泡30分钟。3.胡萝卜、白萝卜切成滚刀块，提前入蒸箱蒸熟。

走菜流程： 1.从桶内捞出一块羊排，在两面均匀撒海盐2克，沿肋骨间隙切成长块，在截面再撒少许海盐，放在半圆形不锈钢箅子上。2.取羊汤800克沥去料渣，倒入锅内，下蒸好的胡萝卜块200克、白萝卜块400克，撒陕北红葱花30克，烧开后倒入不锈钢盆。3.在盛器中点燃固体酒精，放上不锈钢盆，将箅子搭在盆上，带醋蒜汁（岐山香醋加八角、香叶熬至出香，每个碟内放入熬好的醋汁30克、蒜片15克即成）、香菜葱花各1碟即可走菜。上桌后，客人可将羊汤舀入小碗内，根据喜好撒香菜碎和葱花，然后取一块羊排蘸醋蒜汁食用。（文、图/李金曼）

技术探讨

Q：为何不将胡萝卜、白萝卜与羊汤一同煮制？

A：萝卜在长时间的煮制后出现淡淡的异味，影响羊排和羊汤的原香，因此将其提前蒸熟，走菜时再放入羊汤中回热即可。

Q：走菜时，在羊排上撒盐能否保证均匀入味？

A：上桌后，羊汤升腾的水蒸气会使羊肉上的海盐粒渐渐溶化，因此不必担心海盐撒不均匀。

1.煮好的羊排在汤中浸泡30分钟

3.沿肋骨间隙切成长块，放在不锈钢箅子上

2.走菜时，从桶内捞出一块羊排，在两面均匀撒海盐

4.羊汤加蒸好的胡萝卜块、白萝卜块，撒陕北红葱花，烧开后倒入不锈钢盆

手抓羊排

酥皮肘子

招牌亮点

◎这道酥皮肘子肉质褐红，吃起来咸香浓郁，毫不油腻，搭配薄饼、葱段、苦菊沙拉一起卷食，更是令人倍感实惠。其制作亮点在于海盐干焗腌制法——取海盐加八角、花椒、香叶炒香，然后撒到猪肘上拌匀，一起码入砂锅内小火干焗一夜，不但蒸发掉部分水汽、带走腥味，使肉质更紧实，而且缓缓渗入海盐的咸味和香味。第二天取出肘子，洗净、蒸熟、晾干，挂脆皮水、再晾干、炸制，成菜口味与惯常的成品相比，更加鲜香。

谭晓彦

从厨20年，国家高级烹调师，2013年荣获齐鲁养生杯美食节大赛金奖，2014年获济南第七届国际时尚名厨大赛金奖。现任济南阳光精品家常菜餐厅出品顾问。

制作人

批量腌猪肘：1.海盐加入少许八角、花椒、香叶小火翻炒出香，盛出晾凉备用。2.猪肘子刮洗干净，竖向划一刀深至骨头，洗净血水后沥干。3.将猪肘子拌匀海盐，盛入大砂锅中，在边角缝隙处都灌入海盐，覆上厚厚一层，扣上盖子，开小火慢焗一晚，在热力的作用下，海盐的咸味慢慢渗入猪肘子中，使其连骨头都带有盐焗的香气。4.第二天取出猪肘子，洗掉海盐，盛入托盘后覆膜，中火蒸1.5小时至熟透，取出放凉，晾干水珠。5.给放凉的猪肘子逐一挂匀脆皮水，置于通风处再次晾干表面。注：4只猪肘子需用6包海盐，每包海盐重500克。

脆皮水的调制：白醋5千克、麦芽糖1千克、大红浙醋1瓶、白酒250克混合调匀。

走菜流程：1.取一只肘子入五成热油炸至色泽金红、表皮起脆，捞出后沥油，剔下猪骨入盘垫底，猪肉改成片，码放在骨头上，搭配苦菊沙拉、香葱段、薄饼以及泰国鸡酱上桌。2.顾客取薄饼卷肘子、蔬菜沙拉，抹泰国鸡酱一同食用，实惠又好吃。

制作关键：1.腌焗肘子时一定要开小火甚至微火，大了会有煳味，小火反而会使盐分更快地渗入猪肘中。2.挂脆皮水前，需将肘子晾干表面水珠，否则难以均匀上色。3.炸制时需先中火再小火，最后转大火炸至表皮发脆、色泽金红。4.也可以放入烤箱烤制，成菜口感更清爽，没有油腻感。（文、图/陈长芳）

1.肘子盐焗入味，蒸熟

2.挂脆皮水后油炸至熟

3.切片摆盘

4.上桌后用薄饼卷肘子、蔬菜食用

酥皮肘子

试制点评

董志伟（辽宁营口美食王冠大酒店行政总厨）：我按照配方试做了这道菜，总体来说口味确实很香，猪肘子非常入味，这个方法没有问题。试做过程中我有一点变通，那就是用小高压锅代替砂锅，这是以前我做盐焗鸡时发现的窍门：肘子加海盐拌匀，入小高压锅微火加热1小时，关火自然放凉，此过程约需3~5个小时，肘子在海盐的热力下持续入味，比起小火加热一晚更加节能。另外，我还有两个疑问，一，盐焗后的肘子口味类似德国咸猪肘，可以用咸猪肘代替吗？这样就可以省下盐焗入味的过程了。二，腌好的猪肘外皮存在过咸的问题，如何解决？

谭晓彦：我们阳光精品餐厅不使用半成品，所有食材自己加工，这样才能确保菜品口味的特色与稳定。虽然按此方法加工的猪肘类似德国咸猪肘的风味，但细品起来，自己加工的猪肘香味更加自然，少了一丝工业化出品的残留。

由于猪肘外面包着海盐，的确会存在过咸的情况，冲净盐粒后可以用清水浸泡半个小时即可解决。

1.制作此菜所需原料

2.海盐炒香，纳入锅中，埋入猪肘子

3.上小火加热，然后关火焗制入味

4.开盖后取出猪肘子，洗净后蒸熟

5.油炸至金黄色

大厨私藏菜

江南红烧肉

制作人

招牌亮点

◎打开大众点评上海站，搜索"上海红烧肉人气榜"，你会发现逸道餐厅外滩源店的江南红烧肉长期霸占TOP1的位置。上海本地师傅在制作红烧肉时，会将大块的五花肉先入锅干炒，但在逼出油分的同时，瘦肉纤维也会慢慢收紧，这样即便煨制时间再长，成品中的瘦肉部分也会有些发柴，而逸道餐厅的方法则是先蒸再煨，蒸制过程中，腥味去尽、油分渗出、肉块定型，同时，瘦肉吸入了部分油脂，不但不会发柴，反而变得更为滋润软糯，烧好上桌后，肉块微微颤抖，被客人称为"会跳舞的红烧肉"。

陈鑑君

广东清远人，从厨13年，擅长粤菜、本帮菜，曾在上海晶采轩、孔乙己尚宴餐厅事厨，现任上海逸道餐厅外滩源店厨师长。

制作流程：1.天目山鲜笋500克汆水后切成小块，入净锅内添鸡汤1千克、生抽15克、老抽5克、蜂蜜5克、盐3克小火煲30分钟。2.选用黑毛猪腹部最佳位置的五花肉（每块重约2.5千克），洗净后摆入托盘，撒一层干花椒，铺上姜片、香葱段，入蒸箱加热40分钟；取出放凉后摞起来压至定型，然后改刀成重约40克的块。3.锅内放底油，下葱段、姜片炸香，倒入8块五花肉煸至出油，淋料酒100克，调入白砂糖10克、蜂蜜10克、生抽10克、鸡饭老抽3克，再添啤酒100克、热水1千克，大火烧开，放入一只煮熟去皮的鸡蛋，微火慢煲3小时，至猪肉松化、用筷子一插即透时大火收浓汤汁。4.走菜时取笋块100克垫入盘底，盛入红烧肉块和鸡蛋即成。

特点：咸甜适中，入口即化。（文、图/钱蕾蕾）

1.烧好的笋块垫底

4.切成小块煨制

2.蒸好的大块五花肉

5.收浓汤汁

3.将托盘叠放起来压至定型

6.装盘

江南红烧肉

避风塘乳鸽 （位上）

制作人

招牌亮点

◎此菜与传统的红烧乳鸽相比，主要有以下两点不同：第一，红烧乳鸽在制作时通常先卤后炸，卤制过程虽能入味，却也流失了水分；而这里将其泡入以五香淮盐、香料粉调制而成的料水中入味，经烫皮、淋脆皮水、晾制后生炸制熟，成品外脆里嫩、汁水充盈。第二，将做好的乳鸽放于小巧的玻璃碗内，变成一道卖相精致的位上菜，并盖上避风塘料，为其再增加一重香脆的口感。

谭麟
现任广州半岛酒家K11店总经理

批量预制： 1.中山石岐乳鸽（每只净重约300克）宰杀洗净，去掉内脏、爪子，漂净血水待用。2.大桶内添清水（水量以能没过放入的鸽子为宜），加五香淮盐300克（净锅入盐500克小火炒热，离火后放五香粉8克翻匀即成）、香料粉（南姜20克、八角15克、桂皮15克、白芷10克、草果10克、白豆蔻10克、小茴香10克、香叶5克、丁香3克混匀后打成粉）调匀，放入乳鸽30只浸泡30分钟至入味。3.将乳鸽放入锅内沸水中烫皮，同时冲去表面料粉，取出后均匀淋上脆皮水，用铁钩从乳鸽头部穿入，挂在风干柜里晾一个小时。

走菜流程： 取乳鸽1只下入110℃的宽油中炸5分钟，捞出后砍去头部、尾部，再将其一分为二，取半只乳鸽放入垫有粽叶的玻璃碗内，撒入炒好的避风塘料30克即成。

脆皮水的制作： 锅入白醋500克、大红浙醋200克、麦芽糖80克、白酒80克，小火熬至麦芽糖溶化即可。

避风塘料的制作： 1.蒜子入料理机中搅打成蓉，放在细密漏内置于流水下冲半个小时，将蒜中的黏液冲净后沥干水分。2.瑶柱丝150克、面包糠1千克、蒜蓉5千克分别入热油炸至颜色金黄，将三者捞出放在吸油纸上。5.锅入底油烧热，下干辣椒段200克、青椒片120克、红椒片120克煸香，加阳江豆豉粒100克炒干水分，撒盐100克、鸡粉15克，倒入步骤2中炸好的三种原料快速翻拌均匀即可。

技术关键： 1.乳鸽的头部和尾部应在炸完之后再切去，倘若一开始就去掉，不仅炸后表皮回缩、影响卖相，其中的水分也会大量流失。2.制作五香淮盐时，要先将盐炒热炒香，离火后需待其温度降至80℃以下再放入五香粉；倘若盐的温度过高，五香粉容易变煳发黑。（文、图/李金曼）

1.乳鸽挂脆皮水，放入风干柜晾一个小时

2.油炸5分钟

3.改刀后盖避风塘料

避风塘乳鸽

栋企鸡

招牌亮点

◎前些年有一款名为"钢管鸡"的菜肴风靡大江南北，而它的原型便是这款名震南粤的栋企鸡，"栋企"是当地土话，意为"站立起来"。广东顺德根哥美食的董事长梁根发结合多年制作广式烧腊积累下的经验，将其加以改良，重新让这道老菜焕发了生机。他把原本只起到支撑作用的钢管底座改成了一个小盘，便于收集制作过程中滴落的汤汁和油分，走菜前还要以高温油淋炸，上桌后，食客将鸡肉撕下，蘸着盘中的"高级鸡汤"食用，弥补了烤后微微发柴的缺陷，使得这道菜很快声名大噪，每天热卖上百只。

制作方法： 1.选用生长期120天左右的果园走地鸡一只（重量约1千克），宰杀后从尾部开口去净内脏，洗净后吸干水分，用自制腌鸡料在腹腔内及外皮反复揉搓抹匀，然后放入保鲜冰箱放置3小时至入味。2.将腌好味道的鸡取出，用特制钢管支架从尾部开口处将鸡竖起，然后用勺子舀起沸水不断淋在鸡皮上，反复3次把外皮烫至紧绷，晾干水分后再浇淋脆皮水；同样反复3次至均匀，然后用挂钩吊在风扇下吹2小时至表皮微微发干；放入240℃的烤炉中加热20分钟后取出，将烤架底盘中收集的鸡汤倒入盆中待用。3.客人下单后，取烤好的鸡放入升温至180℃的电炸炉，将表皮淋炸至枣红色时沥干，在底盘注入收集起来的鸡汤上桌即可。

自制腌料： 取山奈粉150克、盐50克、白糖50克、味精50克、盐焗鸡粉20克、白胡椒粉5克混合均匀即成。

调制脆皮水： 盆内倒入白醋3瓶、麦芽糖500克、大红浙醋500克、玫瑰露酒50克，搅至麦芽糖溶化即成。 （文、图/毛年华）

制作人

梁根发
广东佛山市顺德根哥美食创始人

1.果园走地鸡宰杀洗净

2.调好的腌鸡料

3.腌好的鸡烫皮、上脆皮水，入炉烤制

4.入电炸炉淋炸至外层金红酥脆

5.上桌后撕下鸡肉，蘸着鸡汤食用

栋企鸡

鲍鱼面包鸡

招牌亮点

◎这道菜是广州桃源农庄的起家菜，在传统盐焗鸡的基础上结合广式点心的制作技艺，为其"穿上"了一层酥皮外衣，为了提升档次、增加卖点，大厨们还特意在鸡腹内塞入了几只小鲍鱼，成菜不仅卖相诱人、口味出众，而且菜点合一，所以推出以来始终高居店内点菜排行榜第一名。

制作人

黄志军
现任广州桃源农庄行政总厨

预制鸡坯（一份量）： 1.取鲜香茅草末5克、蒜米10克、姜末10克、鲜沙姜末15克、洋葱末20克纳入碗中，倒入生抽50克搅拌均匀成腌汁。2.取宰杀洗净的海南文昌鸡一只（净重800克），先在里外抹一层薄盐使鸡肉略微松弛便于入味，然后内外抹上盐焗鸡粉5克反复揉搓均匀，再内外抹上一层步骤1中调好的腌汁，静置10分钟腌制入味。3.在电饭锅底垫上小葱500克、洋葱丝500克、芹菜段500克、香菜100克、姜片100克，摆入腌制好的文昌鸡，开火焗30分钟至熟透后取出，自然冷透待用。4.取活鲍鱼5只宰杀洗净后入高汤（调少许盐和鸡饭老抽）煲熟待用。

和制面坯（一份量）： 1.取面粉1千克下入和面机，调入猪大油200克、白糖200克、酵母10克、泡打粉10克，缓慢加入清水200克搅拌成质地均匀的面团，取出后放入压面机反复压8遍即成油面坯。2.取面粉500克下入和面机，放入猪大油100克、鸡蛋2个、泡打粉10克，放入盆中，加入清水100克，和匀成面团，即成酥面坯。

走菜流程： 1.取焗熟鸡坯一个，腹腔内塞入煲熟的鲍鱼5只，将整鸡包入锡纸，先取和好的油面坯将整个鸡包裹起来，喷上一层水后放入饧发箱静置40分钟。2.取出后再在上面盖一张酥皮面坯，用小刀在表面划上菱形花纹，放入上下火均为185℃的烤箱，加热30分钟，至熟透后取出即可上桌。（文、图/毛年华）

1.将焗好的鸡包入锡纸

2.包上一层油面坯

3.喷水后饧发

4.再包上一层酥面坯，并划菱形格

5.上桌后剪开面包为顾客分食

6.鸡肉和鲍鱼摆入盘中即可请顾客食用

鲍鱼面包鸡

特色鱼头泡饭

招牌亮点

◎合肥"一般饭店"的鱼头泡饭有两种口味可供顾客选择,一种微辣,一种鲜香,单店平均每天可以卖出50份。微辣的鱼头中放入了乡下农户自制的土大豆酱,并搭配青椒和刀板香,烧出的鱼汤呈橘红色,蔬香、肉香、鱼香兼具;白汤鱼头则卖相清爽,砂煲中放有半片鱼头和一整根筒骨,汤色奶白,味道醇香,一经推出就十分旺销。

鱼头上桌后服务员会当着客人的面焖制米饭,只需一个饭釜、一块固体酒精即可,操作便捷,鱼肉快吃完时米饭刚好成熟,此时便可将饭分入碗中,浇上微辣或者咸鲜的鱼汤趁热食用,香糯美味。

付君伟

从厨30年,毕业于合肥旅游学校烹饪专业,安徽合肥一般饭店创始人

咸肉香辣鱼头煲

提前预制:不锈钢桶内放入猪筒骨5千克、鸡架2.5千克、火腿骨2.5千克,添清水20千克小火煮4小时即成高汤。

走菜流程:1.选用重约1.8千克的花鲢鱼头一个,洗净后纵向一切为二。2.锅入猪油150克、菜籽油50克烧热,放进鱼头煎至两面微黄,加入咸肉片150克再煎几秒钟,添高汤2.5千克、整只青椒2个,调入自制酱料(土大豆酱、蚝油、辣妹子辣椒酱按1:1:2的比例调匀)10克、生抽10克搅匀,大火烧开后转小火,加盖烧30分钟至汤汁浓稠,先将青椒挑出垫在砂煲底部,然后盛入鱼头,将鱼汤过滤掉渣子后再倒进砂煲中,最后点缀青红椒圈即可走菜。

筒骨咸鲜鱼头煲

制作流程:1.选用重约1800克的花鲢鱼头一个,洗后净纵向一切为二。2.锅入猪油100克,放进半片鱼头煎至两面微黄,将高汤2.5千克和炖至七成熟的猪筒骨1根(约1千克)一同倒入锅中,再放进2个煎好的鸡蛋,大火烧开后转小火,加盖烧30分钟,起锅前调入盐10克、鸡精5克。3.将鱼头和猪筒骨盛入砂煲,倒进鱼汤,摆上煎蛋和切成片的西红柿半个,再点缀少许香菜即可上桌。

注:鱼头上桌后,将五常大米500克、矿泉水1瓶、刀板香少许装入饭釜,搅拌均匀,点燃酒精块,加盖焖制10分钟即可配鱼汤食用。

(文、图/钱蕾蕾)

1.饭釜内倒入大米

2.倒入矿泉水后加咸肉片

3.扣盖加热

4.可用鱼汤泡饭食用

咸肉香辣鱼头煲

筒骨咸鲜鱼头煲

剁椒大鱼头

招牌亮点

◎这款鱼头是长沙山越山土鸡城店内极受欢迎的招牌菜之一，其卖点有二：一是鱼头切面朝上，覆盖一层剁椒酱，蒸熟后白里透红、卖相漂亮，且更易入味；二是中央厨房研发的剁辣椒以本地红尖椒加朝天椒、老姜、豆豉等发酵而成，再添永丰辣酱、桂林辣酱熬香，辣香浓郁、口感丰富、滋味复合，以此蒸出的鱼头味道别致，很有特点。

夏志
长沙山越山土鸡城创始人

制作人

制作流程： 1.雄鱼一条砍去鱼尾，留鱼头鱼脖约重1千克，刮鳞去鳃，去净内部的黑色黏膜，在鱼脖肉厚处打一字花刀。2.圆盘中间放姜片10克、野山椒10克、鲜紫苏叶10克，鱼头切面朝上摆入盘中，均匀淋入生抽30克，再盖上剁椒酱200克，旺火足汽蒸10~12分钟，取出撒葱白丝10克，浇七成热油激香即成。

制作剁椒酱： 1.本地红尖椒5千克洗净后去蒂，朝天椒500克洗净后去蒂，二者分别剁碎成末。2.干净无水的坛子里加剁碎的辣椒末，放姜末1千克、浏阳豆豉末500克，加盐1.5千克拌匀，再倒入高度白酒150克，密封发酵30天左右即成剁辣椒。3.锅入色拉油5千克烧至五成热，下蒜末1千克略炸，倒入腌好的剁辣椒煸干水汽，至椒香四逸时放永丰辣酱2千克、桂林辣酱1.5千克，小火熬至酱香、椒香逸出，调入味精300克、鸡精300克、白糖100克搅匀，关火出锅备用。

技术关键： 1.这款剁椒酱选用本地红尖椒，辅以少许朝天椒，前者皮薄肉脆、鲜辣十足，后者更是辣味浓郁，封入坛子中密封发酵，集鲜、香、辣为一体，滋味更醇正。2.蒸制鱼头时不再加盐、味精调味，因此腌剁椒时盐要给够，以免咸味不足。3.熬制剁椒酱时加入永丰辣酱和桂林辣酱，酱香浓郁、鲜辣微甜，增加复合滋味。（文、图/陈长芳）

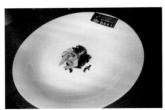

1.盘底垫紫苏、野山椒等

2.鱼头皮朝下，盛入盘中

4.盖上自制剁椒酱

3.淋入生抽

5.旺火足汽蒸熟

剁椒大鱼头

非常毛肚

招牌亮点

◎爆炒毛肚时加入蒜末、小米椒和火锅底料，成菜鲜辣微麻、蒜香馥郁，点睛之笔是临出锅前淋入的少许山胡椒油，有股独特的柠檬香气。

制作流程： 1.新鲜毛肚600克洗净黏液，放在细流水下冲洗1小时，改刀成10厘米长、1厘米宽的长条备用。2.金针菇150克下入油盐水中焯软，捞入盘中垫底，接着下毛肚焯8秒左右至其刚刚收缩，立即捞出沥水备用。3.锅入香料油30克烧至六成热，下小米椒圈50克、蒜末30克煸香，加火锅底料25克小火煸出红油，至香气四逸时调入生抽10克、蚝油10克、鸡精10克、味精10克，倒入毛肚翻匀，添清水100克大火烧开，撒蒜苗段30克，淋山胡椒油6克，点少许生抽翻匀，起锅倒入垫有金针菇的盘里，带火上桌。

香料油的制作： 锅入色拉油5千克烧至四成热，下洋葱块1.25千克、香菜500克、香葱段250克、大葱段250克炸香，至大葱颜色焦黄时加桂皮25克、香叶20克、白芷20克、白豆蔻20克，保持小火熬20分钟，关火后加盖焖10分钟，打渣即成。

技术关键： 汆毛肚时间不能超过10秒，否则肚条易老，失去脆嫩口感。

（文、图/陈长芳）

制作/夏志　　　　非常毛肚

1.金针菇汆水后垫底

2.毛肚快速焯水，防止变老

3.锅入蒜末、火锅底料等炒香

4.放入毛肚翻匀，最后淋山胡椒油

日式炸紫菜

招牌亮点

◎此菜的制作方法让多位来广州陶然轩大酒店取经的大厨感到新奇不已，海苔独特的味道与春卷皮油炸后的面香味互相融合，吃起来更像一种酥脆的小零食，而且制作过程简单、成本低廉，毛利高达80%。

肖卓恒
现任广州陶然轩大酒店出品总监

制作人

原料扫盲

日式七味盐，又称七味粉，是日本料理中常用的调味料，由花椒、八角、陈皮、芝麻等七种不同的调料、香料配制而成，通常用来拌面或作为烧烤粉料。

日式炸紫菜

制作流程： 1.春卷皮上刷一层蛋清生粉糊，盖一片与春卷皮相同大小的原味海苔，粘好后改刀成长4厘米、宽1.5厘米的条。2.锅入热油烧至180℃，下海苔条炸至卷起、春卷皮颜色微微泛黄时捞出，撒入适量日本七味盐翻匀放凉。走菜时，取做好的海苔卷50克装盘即可上桌，剩余的放入盛器密封保存，以免受潮变软。（文、图/李金曼）

春卷皮上盖一片海苔，改刀成条后炸至酥脆

试制点评

董志伟（辽宁营口美食王冠大酒店行政总厨）： 我按照以上配方试做了这道菜，一下就成功了，炸好的紫菜酥脆鲜香，作为餐前餐后小吃也非常不错。

咖喱牛肉配手工酥皮

招牌亮点

◎此菜将牛腩、胡萝卜和土豆放进碗内，淋熬好的自制咖喱酱，再盖一张酥皮，入万能蒸烤箱中制熟，酥皮膨胀，如一顶帽子盖在碗上。上桌后还要举行"砸金蛋"仪式，由美女服务员拿一把勺子，边敲酥皮边说祝福语："一敲工作顺利，二敲万事如意，三敲心想事成！"寓意吉祥，仪式感十足！

此菜所用的自制咖喱酱色泽金黄、香浓醇厚、微辣回甜，得到了许多食客的好评，其制作过程中有三个秘诀：第一，产自香港的鸿联架喱胆咖喱味更浓郁，而产自泰国的NITTAYA特级黄咖喱膏由于添加了柠檬草、虾酱、南非酸橙皮等配料，香气极具层次感，食之令人回味无穷。此菜同时添加这两种咖喱酱，滋味互补，相得益彰。第二，加入姜黄粉，不仅能增加香气，其色泽明亮，也使熬出的咖喱酱卖相更鲜亮。第三，加入鲜红小米椒，为咖喱酱增辣提鲜，口味更别致。

制作人 /

徐孝洪
成都银芭餐厅创始人

批量预制： 带筋的牛腩6千克改刀成2.5厘米见方的块，放入高压锅中，加双枪牌咖喱粉40克、南姜片30克、干香茅草30克、盐20克，添清水没过原料4~5厘米，压制30分钟。

走菜流程： 1.土豆300克改成滚刀块，加盐5克码味后入万能蒸烤箱中蒸15分钟；胡萝卜100克改成滚刀块，加盐3克码味后放入万能蒸烤箱中蒸20分钟。2.碗中依次放入土豆块、胡萝卜块和提前做好的牛腩块各200克。3.锅入自熬咖喱酱250克、自制果酱100克小火熬开，淋水淀粉勾薄芡，离火倒入全蛋液50克，搅匀后起锅淋入碗中。4.提前做好的酥皮1张切去边角料，改成边长为15厘米的正方形，正反两面各刷一层蛋黄后盖在碗上，放入万能蒸烤箱，选择自定义的"咖喱牛肉"模式（200℃、1级风、香脆5级、10分钟）进行烤制，取出后带一把勺子即可走菜。

咖喱酱的制作： 锅入黄油40克熬化，下洋葱丝30克、姜片10克炒干水汽，加入鲜香茅草20克、高良姜片15克、香菜籽10克、白蔻3克、丁香3个、嘉味美什香草2克、八角1个、草果（拍破）1个煸出香气；下鲜红小米椒段15克，加清水300克、鸿联架喱胆咖喱油45克、鸿联架喱胆咖喱膏30克、NITTAYA特级黄咖喱膏20克、味好美姜黄粉4克，调入糖9克、盐9克、鸡汁2克，微火熬制20分钟，打渣、过滤后冲入椰浆500克、三花淡奶125克，烧开即成。

果酱的制作： 苹果40克、香蕉40克、煮熟的土豆20克切成小块后放入量筒，加入雀巢三花淡奶没过原料，用手持料理棒搅拌成果酱即可。

手工酥皮的制作： 1.低筋面粉220克、高筋面粉40克过筛后纳盆，加软化的黄油20克、白糖8克、盐4克，倒入清水130克揉成光滑的面团，用保鲜膜包好，放进冰箱冷藏松弛20分钟。2.取软化的黄油180克裹入保鲜膜，用擀面杖擀成大片，放入冰箱冷藏至变硬。3.把松弛好的面团取出来，擀成长方形，长度约为黄油薄片宽度的三倍，将黄油薄片包裹在面片里，把面片中的气泡赶出，压实边缘，用擀面杖擀成长方形，两边面皮折向中间叠成三层，放入冰箱冷藏松弛20分钟左右，拿出后再擀成大片，再重复3次折、擀的动作，放入冰箱冷藏待用。

技术关键： 1.大批量制作咖喱酱时，香料、咖喱酱的用量不能按比例成倍增长，而应略微减少，否则不但味道会过浓，而且炒制时容易发苦。2.走菜时，加入全蛋液可使汤汁更黏稠，口感更醇厚。（文、图/李金曼）

注： 鸿联架喱胆咖喱油、咖喱膏，产自香港，由咖喱粉、植物油、蒜蓉、洋葱等炒制而成，成品油、酱分离，其中咖喱油呈深褐色，咖喱酱则接近黑色，咖喱香气极浓，味道富有层次，市场价约为47元/千克。

NITTAYA特级黄咖喱膏，产自泰国，由柠檬草、虾酱、南非酸橙皮、香茅、鱼露、月桂叶等制作而成，还加入了椰浆来减轻辛辣，成品散发出淡淡的薄荷香气，很适合亚洲人的口味。可用于制作泰式咖喱炒饭、冬阴功汤等东南亚风味的菜肴，市场价约为60元/千克。

嘉味美什香草，由甘牛至叶、百里香、迷迭香叶、邹叶卷心菜、鼠尾草等风干加工而成，味道浓郁，为菜肴增添了复合的香草气息，市场价为330元/千克。

咖喱牛肉配手工酥皮

咖喱牛肉配手工酥皮制作流程

1.锅入黄油熬化，下洋葱丝、姜片炒干水汽

2.加入鲜香茅草、高良姜片、香菜籽等煸香

3.下鲜红小米椒段，加清水

4.加入鸿联架喱胆咖喱油、鸿联架喱胆咖喱膏

5.加入NITTAYA特级黄咖喱膏

6.下入姜黄粉

7.小火熬制20分钟后打渣、过滤，冲入椰浆、三花淡奶，烧开即成咖喱酱

8.提前做好的果酱

9.碗中依次放入土豆、胡萝卜和提前做好的牛肉

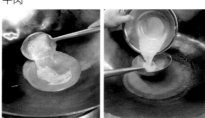

10.锅入咖喱酱、果酱小火熬开，离火倒入全蛋液

11.搅匀后淋入碗中

12.酥皮改成边长为15厘米的正方形，正反面各刷一层蛋黄后盖在碗上

13.放入万能蒸烤箱烤制

14.上桌后还要举行"砸金蛋"仪式

自制咸猪头肉

招牌亮点

◎这是南京十朝院子餐厅的凉菜头牌，以猪头的三个部件——头肉、耳朵、舌头入菜，经过腌制、风吹、蒸制、凉拌四步制成，咸香微酸，装盘大气。

邰仁美
现任南京十朝院子餐厅总经理

制作人

批量预制： 1.新鲜猪头30个燎烧去尽表面毛茬，刮洗干净，割下猪耳、猪舌，将猪头从中间对半劈开，取出猪脑另作他用。将三种原料放入大盆，每500克食材加花椒盐50克、白酒35克、香料粉25克反复揉搓，使滋味全部渗入肉的深层。2. 胡萝卜碎、蒜碎、青椒碎、葱段、香菜段按照5：5：5：5：2的比例兑匀成蔬菜料。3.将猪头、猪耳、猪舌码入大缸中，每码一层原料，先撒一层蔬菜碎，再撒少许花椒盐，压实后腌制20天。在此期间原料和蔬菜会出水，与花椒盐混合形成盐水，因而每隔5天需将上部的原料翻至缸底，使其入味均匀。4.腌好的原料取出，挂在阴凉通风处晾10天，待表皮风干后取下，裹上保鲜膜冷冻保存。

走菜流程： 1.开餐前，取出腌好的猪头、猪耳、猪舌，洗掉表面多余的咸味，放入托盘大火蒸熟，猪头剔骨，三种原料分别改刀成片备用。2.取猪头肉400克、猪耳100克、猪舌80克纳盆，加香醋30克、糖15克、港顺鲜味汁10克、蚝油8克、香油6克、鲜红小米椒碎5克、红油5克拌匀，取一块头骨垫在圆盘一端，上面码入拌好的原料，浇上余汁，撒白芝麻8克、香葱碎10克即可上桌。

香料粉的制作： 香叶300克、小茴香300克、山奈200克、大红袍花椒150克、八角150克、草果150克、陈皮100克、香茅草100克、白蔻60克、白胡椒60克、当归30克，混匀打成粉即成。

技术关键： 咸猪头在每年12月或来年1月腌制为最佳，此时的温度利于猪肉风干出香，常温保存不易变质。（文、图/辛燕）

自制咸猪头肉

韭菜花酱焗节虾

韭菜花酱焗节虾

制作人

招牌亮点

◎只用韭菜薹炒大虾，无法使鲜虾中充分融入韭香气，祝大厨便先用韭菜薹榨汁，再加料调匀，炒制时烹入锅内，成菜咸中透甜，韭香浓郁，好吃到上瘾。

制作流程： 1.九节虾500克洗净，剪掉虾枪、虾须，下入100℃的热油中炸至表皮酥脆，捞出待用；韭菜薹200克洗净，改刀成4厘米长的段备用；取预制好的味汁50克纳入码斗待用。2.锅入底油，下韭菜薹炒至断生，盛出备用，锅入葱花、蒜末各5克焗香，倒进炸好的九节虾，淋味汁25克（边倒味汁边晃动铁锅，使其与原料充分接触），投入韭菜薹，再倒进剩余味汁大火翻匀，起锅装入盘中，撒少许葱花即可走菜。

味汁的制作： 韭菜薹加清水榨成汁，过滤后取50克纳盆，加美极鲜味汁250克、美极鲜辣汁125克、蜂蜜100克、矿泉水15克搅匀即成。

技术关键： 1.韭菜薹炒制时间不宜过长，否则会出水、软塌，失去脆嫩的口感和碧绿的色泽。2.炒制时要分次放入味汁，炒虾时倒入一半，放进韭菜薹后再下另一半，这样可使食材更加充分、均匀地入味。（文、图/李金曼）

祝健民 现任广州山泉宾馆行政总厨

宫保鲜虾卷

招牌亮点

◎以虾胶杏鲍菇卷取代鸡肉丁，将宫保味型与粤式手法相结合，成本不高，卖相亮丽，是一道非常适合商务宴请的菜肴。

解勇
现任西安宾馆行政总厨

宫保鲜虾卷

制作流程： 1.熬制宫保汁：净锅内放红油20克，下干辣椒、干花椒各5克炝香，添清水300克，下白糖300克、岐山香醋200克、番茄酱10克熬稠，调入胡椒粉、盐、鸡精各5克即可出锅，过滤掉渣子备用。2.将杏鲍菇350克切成厚约0.2厘米的大片，上面抹匀一层虾胶后卷成卷儿，接口处用生粉糊固定，表面再粘匀一层生粉，入不粘锅内煎至金黄、熟透，取出备用。3.芦笋尖50克、红椒片20克飞水备用，腰果20克油炸至酥。大葱白30克切成丁。4.锅放底油烧热，倒入杏鲍菇卷、芦笋尖、红椒片，烹入宫保汁50克，快速翻匀后下入葱白丁，勾薄芡，淋明油，撒入腰果即可出锅，装盘点缀即成。

特点： 岐山香醋酸度柔和，底味醇厚，成菜微酸微甜，非常适口。

技术关键： 杏鲍菇卷应先拍粉后煎制，成菜表面粗糙才能挂匀汁水，滋味更浓郁。（文、图/钱蕾蕾）

雪菜黄豆炒芦蒿

招牌亮点

◎此菜的主料芦蒿，是淮扬菜中常用的原料。广州王子饭堂的厨师团队去云南游玩时，发现当地农家种植的芦蒿品质上乘，于是联系当地菜农，从云南直运芦蒿到广州，添加炸黄豆、肉粒等料一起煸炒，做出了这道口感丰富的菜品。

制作人

姚志永
广州王子饭堂联合创始人

雪菜黄豆炒芦蒿

制作流程： 1.黄豆提前用盐水泡透、蒸熟，取100克黄豆下入烧至100℃的热油中浸炸1分钟，接着放入雪菜50克拉油，然后一同捞出。2.芦蒿400克切成2厘米长的段，入锅拉油使其保持颜色翠绿，捞出备用；锅留底油，下五花肉粒50克、虾米25克小火炒香、盛出。3.锅入底油，下拍蒜、姜粒各5克煸香，放虾米、猪肉粒翻炒均匀，再倒入芦蒿段翻炒几下，调入糖10克、盐5克、味精5克、生抽3克炒10秒钟；淋入少许水淀粉勾芡，以保持芦蒿脆嫩的口感，最后倒入炸好的黄豆、雪菜，离火翻匀即成。

技术关键： 1.炸黄豆时油温要控制在100℃~140℃，温度太高易使黄豆脱皮；芦蒿过油的温度以100℃为宜。2.雪菜过油后应立即捞出，防止变煳。3.芦蒿有一种较浓的草青味，加入白糖可以使其变得柔和宜人。4.最后加入炸黄豆时要离火翻匀，以保持黄豆酥脆的口感。（文、图/李金曼）

椒麻牛舌卷

招牌亮点

◎将牛舌片与苏子叶、三叶香一同卷成小卷，既能压住腥味，又能去尽油腻，再淋上老干妈酱调制的料汁，成菜香辣中带有一点清香。

唐国伟
现任北京京瑞大厦瑞府中餐厅行政总厨

制作人

椒麻牛舌卷

批量预制： 1.三叶香洗净后入凉水浸泡10分钟，使叶片更挺实。2.将新鲜牛舌纳入盆中，加清水泡洗1小时。锅入宽水，加适量料酒烧沸，放入牛舌稍烫，停火捞出牛舌，撕掉表面筋膜。3.将牛舌1千克倒入锅中，加盐75克、味精75克、料酒50克、葱段50克、姜片50克、白蔻12克、花椒12克、八角12克、香叶8克，添清水没过原料，大火烧开后转小火煮90分钟；关火捞出牛舌凉凉，改刀成薄片后放入保鲜盒中，覆膜入冰箱冷藏备用。

走菜流程： 1.将牛舌片铺平，放上三叶香2克、苏子叶1片后制成牛舌卷。2.取牛舌卷10个摆入盘中，淋上酱汁，点缀花草即可走菜。

酱汁的调制： 将老干妈酱1千克放入搅拌机打碎后纳入盆中，加生抽500克、白糖250克、白醋250克、蚝油250克、料酒50克、盐50克搅拌均匀。（文、图/辛燕）

脆饼鸭胗

招牌亮点

◎将石子馍这一传统主食做成了凉菜，取其酥脆口感，与筋道的鸭胗搭配相得益彰。

种成龙
现任西安壹仟金中餐厅行政总厨

制作人

脆饼鸭胗

提前预制： 1.干辣椒100克、干姜60克、花椒30克、小茴香30克、八角20克、肉豆蔻20克、桂皮15克、香叶20克、香茅草20克、白芷10克、草果5个洗净后沥干，装入纱布袋即成香料包。2.锅入清水30千克烧沸，下猪骨2.5千克熬制两个小时后将猪骨捞出，此时剩余骨汤20千克，调入生抽300克、盐250克，放入香料包，下飞水的鸭胗小火煮20分钟，关火浸泡10分钟。

制作流程： 1.将卤好的鸭胗捞出放凉，改刀成片。2.烤箱预热至40℃，放入石子馍烤10分钟，取出后掰成小块。3.取一个码斗，放入红油10克、碾碎的黄飞红香脆椒5克、甜椒粉5克、老干妈香辣酱5克、家乐麻辣鲜露3克、东古一品鲜酱油3克、鸡汁2克、糖粉2克，倒入鸭胗片200克拌匀，撒烤好的馍块150克快速翻拌几下，盛入盘中，点缀少许葱花即可走菜。

技术关键： 因为石子馍本身带有底味并且极易吸收味道，所以应先把鸭胗和酱料混匀，再放入石子馍，让馍块上粘有少许酱料即可。（文、图/李金曼）

咸菜薹蒸糯米圆子

制作人

李龙

安徽芜湖人，16岁开始从厨，2001年进入安徽知名餐饮品牌同庆楼，2007年加入安徽芜湖"酱出名门"餐饮公司，2010年至今担任该公司行政总厨。

招牌亮点

◎这是安徽芜湖的一道农家土菜，咸香开胃下饭。

咸菜薹蒸糯米圆子

水辣椒酱的制作： 新鲜红线椒50千克用机器磨细，边磨边加水2.5千克、食盐9千克，装坛密封后放置在阴凉处，自然发酵两个月即可使用。

制作流程： 1.腌咸菜薹：新鲜菜薹5千克在太阳下晒一天，放盐750克揉搓至水分渗出，控干后摆入净坛子中，表面撒薄薄一层盐，用保鲜膜封口；盖上坛盖，坛沿灌水隔绝空气，自然发酵两个月后即可使用，保存期为一年。2.蒸咸菜薹：将腌好的咸菜薹冲水去除多余盐分并拧干，切成2厘米长的段后平铺入托盘，表面均匀撒上干辣椒段100克、水辣椒酱100克、蒜末50克、姜末50克、鸡精50克、白糖500克，淋入菜籽油500克，上蒸箱蒸制40分钟拿出摊开凉凉备用。3.制作糯米

圆子：糯米500克泡一夜后隔水蒸透，加入肉末200克、马蹄碎80克、葱花20克、盐3克、生抽10克、鸡蛋1个、胡椒粉5克揉匀后搓成每个60克的圆子，入六成热油炸至表面金黄即成。4.走菜时取蒸好的咸菜薹250克放在盘中，炸好的糯米圆子10个围边，入笼旺汽蒸10分钟，使二者香气、滋味融合后即可走菜。

特点： 菜薹咸鲜绵软，圆子入口软糯，吸足了菜薹的酵香。（文、图/钱蕾蕾）

腌好的咸菜薹

砂锅牛腩牛板筋

制作人

史家宝
南京梦影食园餐厅创始人

招牌亮点

◎将牛腩和板筋搭配在一起：前者小火焖烧，香气浓郁；后者高压制熟，口感弹滑。制作时，需支大锅、下牛油、小火炒，让两种食材充分吸收香气；红烧时不放桂皮、八角，只加干辣椒，祛膻提鲜却不压牛肉香气。

批量预制： 1.**烧牛腩：** 牛腩6千克改刀成2厘米见方的块，冲去血水。锅入牛油300克烧至六成热，加葱段80克、姜片30克、干辣椒段10克爆香，倒入牛腩，小火炒干水分；添清水浸没原料，加三年陈古越龙山花雕酒500克、生抽300克、红烧酱油150克、糖50克、盐30克，大火烧开转小火炖2.5小时，关火备用。2.**压牛板筋：** 锅入牛油200克烧至五成热，放葱段、姜片各60克煸香，加牛板筋片3千克中火炒出香味，添清水没过原料，加三年陈古越龙山花雕酒100克、盐30克、鸡汁8克、鲜红小米椒圈8克，倒入高压锅，上汽后压30分钟至熟透。

走菜流程： 1.砂锅中舀入牛腩块300克、牛板筋150克，再浇入牛腩原汤300克，置于煲仔炉上大火加热2分钟。2.在煲仔炉的另一个炉眼放个小炒锅，下底油烧至七成热，放蒜片10克、葱段10克爆香，连油带料浇在牛肉上即可走菜。（文、图/辛燕）

砂锅牛腩牛板筋

豆瓣烧鳗鱼

吴小权

现任常州御锦天餐饮管理公司出品总监

制作人

招牌亮点

◎为红烧鳗鱼配上碧绿的蚕豆瓣，提亮了菜品色泽，卖相更美观。顾客吃完鳗鱼可用豆瓣蘸盘底汤汁食用，加大了菜量，丰富了口感。

主料： 鳗鱼一条重约750克。

辅料： 鲜蚕豆瓣150克，大蒜子150克，葱20克，姜20克，青椒段15克。

调料： 高汤250克，纯净水100克，啤酒150克，猪油30克，大豆油20克，生抽20克，料酒15克，蒸鱼豉油15克，冰糖15克，鸡精10克，鸡饭老抽5克，盐5克。

制作流程： 1.锅入宽油烧至七成热，下蒜子炸至金黄，捞出沥油备用。鳗鱼宰杀洗净后打上一字刀，切成4厘米长的段。鲜蚕豆瓣入油盐水中焯透。2.起锅下猪油、豆油烧热，煸香葱、姜，放入鳗鱼稍煎至两面金黄，淋啤酒、料酒，添高汤、纯净水大火烧开，放入炸蒜子、青椒段，下其余调料调味、上色，加盖焖烧15分钟，收浓汤汁后出锅装入长盘，中间摆放蚕豆瓣即成。

特点： 鱼肉滑嫩咸鲜，蚕豆瓣蘸盘底汤汁食用，软糯入味。（文、图/钱蕾蕾）

豆瓣烧鳗鱼

中大创盈专家培训之金牌课程

中大创盈专家培训由《中国大厨》专业传媒倾力打造，是全国知名的小微餐饮孵化平台，特邀顶级烹饪大师授课，开设有卤水、羊汤、小龙虾、烧烤、酸菜鱼、水饺、烤鱼、淮南牛肉汤等20多项爆款单品的技术培训，累计开课近3000场次，成功孵化4000多家小微企业，帮助上万名学员走上了开店创业、财务自由的人生新里程，被誉为餐饮创业的"黄埔军校"。

中大创盈所有课程均为一课一师，例如，卤水课程由酱卤专家、中国烹饪大师、河北李记餐饮管理公司董事长李建辉大师主讲；淮南牛肉汤技术培训由淮南26号牛肉汤创始人谢继红大师授课；烤鱼培训由重庆万州烤鱼原创人吴朝珠大师讲授……业内顶尖大师加持、配方全部公开，不卖料包、不加盟，实在技术学到手！创业充电，就选《中国大厨》专家培训品牌——中大创盈！

五步开店实战策略培训

培训内容：1.选址策略，包括定位分析、流量测试等。2.产品设计，手把手教你打造爆款产品。3.厨房设计。4.开业营销方法。5.运营管理，包括客单价、毛收入、净收入、成本、人效等经营数据的计算；经营目标的实现。6.现场问诊。

授课大师：王长亮

小龙虾技术&开店实战培训

培训内容：龙虾的种类、挑选和鉴别；龙虾开背、剪尾；十三香料粉的研磨；盱眙十三香龙虾、北京麻辣小龙虾、武汉油焖大虾、长沙口味虾、冰醉龙虾、苏州周庄咸菜龙虾、南京蒜香龙虾、咖喱龙虾、蜜汁龙虾、咸蛋黄龙虾等菜式的制作；龙虾大批量加工的方法。

授课大师：周庆

金牌课程卤水+熏卤培训

培训内容：香料识别与选料技巧；广式、川式、精武卤水的调制方法；北方熏酱、香卤鸡等爆款产品的制作秘籍；卤水的保存、增香等后期处理；卤菜的制作；牙尖冷吃牛肉、武汉黑鸭的制作。

授课大师：李建辉

室内烧烤&开店实战培训

培训内容：火爆全国的锦州烧烤四种腌制方法（干腌、湿腌、盐水注射及混合腌制）；烧烤所用撒料、酱料、油料的详细配比和制作过程；三种炭火的分类（满炭、半炭、文火炭）和使用方法；羊肉小串、黄金烤鸡爪、锡纸烤海鲜、炭烤鸡翅等十几种爆款烧烤单品；主打招牌炭烤羊腿的制作全过程；室内烧烤成本控制及运营策略。

授课大师：王长亮

炒饭技术培训

培训内容：手把手教你打造一家坪效超高、用工极省、口味多变的爆款炒饭店！口味超级诱人的鲍汁炒饭、牛肉松炒饭；风靡全国的台湾卤肉饭；保证30秒出餐的高效实用操作流程；提高用户舒适体验的外卖包装设计等。

授课大师：陈文

爆品酸菜鱼技术培训

培训内容：鱼的挑选、鉴别及处理方法；鱼片白、弹、嫩、爽、香的独门腌制上浆手法；各种酱料和复合调料的制备；酸菜鱼、青花椒鱼、番茄鱼、香辣鱼、木桶鱼、冷锅鱼、鲜椒鱼以及首创豆浆回味鱼等十几款旺菜的详细制作流程；主题餐厅、格调小馆以及外卖小门店的选址策略、菜品设计及运营方法。

授课大师：孟波

川味外卖技术培训

培训内容：红油、复制酱油、泡菜（荤+素）、钵钵鸡（红油+藤椒）、口水鸡、夫妻肺片、鱼香腰片、蒜泥白肉的制作；三款冒菜（红汤+青椒+仔姜）的制作；油卤系列的制作；油浸捞的制作。

授课大师：刘全刚

烤鱼+小面技术培训

培训内容：万州烤鱼的核心技法；香料的选择；八大火爆味型烤鱼（香辣、泡椒、复合蒜香、茄汁水果、西式黑椒汁、新派藤椒大酱、浓郁咖喱、酱香盖浇）的制作流程；专用酱料配方；重庆小面、吴抄手、万州凉面等的制作。

授课大师：吴朝珠

饺子调馅技法&开店体系培训

培训内容：水饺面粉的特性分析；水饺和面方法；猪肉母馅的配方及搅馅、打水方法；牛肉、羊肉、驴肉、鱼肉特色水饺的制作方法；数10款受众广泛的饺子馅料调制全过程；山水画水饺、雨花石水饺、彩色水饺的制作方法；水饺馆的成本控制及推广策略。

授课大师：吕连荣

成都串串开店体系培训

培训内容：串串香底料炒制、锅底兑制流程；荤类食材（胗肝、胗把、青椒牛肉、折耳根牛肉、香菜牛肉等）加工方法；蘸碟、油碟的制作；串串店的定位、选址、装修、人员分工等经营管理知识。

授课大师：谢昌勇

驴肉火烧制作技术培训

培训内容：驴肉及内脏的不同初加工方法；香而不柴的驴肉的煮制、焖制过程；18种香料的特性和详细配比；蔬香料包的配制；比黄金还珍贵的老汤的养护；两种驴肉焖子（精致版和简易版）的操作过程；用打火机一点就着、展开长达3米的火烧的制作方法演示。

授课大师：孙恩佑

南京小吃技术培训

培训内容：小笼汤包、蟹粉汤包、烧卖、包馅饭团、素三鲜蒸饺、鸭血粉丝汤、鸭血千张汤的制作流程；南京小吃开店的选址妙招、经营之道以及外卖营销技巧。

授课大师：杨海涛

微信号：zgdc66666　　　网址：www.cycy8.cn

扫描上方二维码
即可咨询详情

扫描上方二维码
即可打开官方网站

咨询电话：400-698-0188
0531-87180101　18953134866